冷库制冷系统的节能运行与质量保障

王贵强　王海曼　著

中国矿业大学出版社
·徐州·

图书在版编目(CIP)数据

冷库制冷系统的节能运行与质量保障/王贵强,王海曼著. —徐州:中国矿业大学出版社,2022.3

ISBN 978-7-5646-5316-3

Ⅰ. ①冷… Ⅱ. ①王… ②王… Ⅲ. ①冷藏库—制冷系统—节能—运行—研究②冷藏库—制冷系统—质量管理—研究 Ⅳ. ①TB657.1

中国版本图书馆CIP数据核字(2022)第032981号

书　　名 冷库制冷系统的节能运行与质量保障
著　　者 王贵强　王海曼
责任编辑 仓小金
出版发行 中国矿业大学出版社有限责任公司
(江苏省徐州市解放南路　邮编 221008)
营销热线 (0516)83885370　83884103
出版服务 (0516)83995789　83884920
网　　址 http://www.cumtp.com　**E-mail**:cumtpvip@cumtp.com
印　　刷 徐州中矿大印发科技有限公司
开　　本 787 mm×1092 mm　1/16　**印张** 9.25　**字数** 181千字
版次印次 2022年3月第1版　2022年3月第1次印刷
定　　价 38.00元

前　言

近年来随着人民生活水平的提高，人们对冷冻冷藏食品的依赖度越来越高。冷库行业得到快速发展的同时，冷库的能耗也逐年升高。在“节能减排”的大背景下，冷库的节能研究得到越来越多的关注。冷库中食品加工过程包括冷却、冷藏和冻结等，不同的食品加工过程具有不同的特点以及工艺要求，然而，现有的冷库的节能优化研究大都单纯地从冷库动力系统的角度出发，并未充分考虑不同食品加工过程的区别。另外，现有研究大都使用静态优化方法，这些方法适用于食品冷藏等连续过程，并不适用于食品冻结和冷却等间歇过程。本文针对冷库中包装食品的冻结过程进行节能优化研究，在单体食品冻结过程和冷库中食品冻结条件分布研究的基础上，对食品冻结过程进行动态优化，提出基于食品冻结工艺要求的分段冻结系统及其运行方式。

首先，针对冷库内带包装食品的冻结过程，建立单体包装食品的冻结过程模型。使用焓法建立食品内部传热过程模型，以自然对流和辐射换热处理食品自身与包装之间的空气层内部的传热，使用 CFD 方法模拟食品周围的空气温度以及食品对流换热系数，最后通过迭代方法对包装食品的冻结过程进行模拟。通过不同包装分割肉的冻结实验对模型进行验证，结果表明，本文提出的模型相对于使用导热或者忽略空气层的现有处理方法，能够更加准确地模拟包装食品的冻结过程。

在单体食品冻结过程模拟的基础上，对冻结间内空气参数分布进行模拟，研究了食品冻结条件分布对于食品冻结的影响。首先通过风道数值模拟，计算不同空气参数下的食品对流换热系数并拟合成无因次关联式。然后，使用 CFD 方法模拟冻结间在空库和满载情况下的流场和温度场分布，计算冻结间内不同位置食品的冻结条件，并进行敏感度分析以研究冻结间内空气温度和空气流速对于食品冻结过程的影响。最后，对冻结间内食品冻结条件进行不均匀度分析，以研究不同冷风机风量下，冻结间内不同位置食品的冻结过程差异。

对于冻结间内食品冻结，建立冻结过程工艺要求评价指标。然后，分别建立冻结间内间歇进货方式下食品冻结过程中的库房空气模型、食品冻结模型、围护结构模型、制冷系统模型等动态模型。以食品冻结过程能耗为目标函数，分别以冻结时间和冻结速率作为食品冻结工艺要求的约束条件，将约束条件以罚函数的形式写入目标函数。以制冷系统蒸发温度和冷风机风量作为冻结间内食品冻结过程的控制变量，计算制冷系统蒸发温度和冷风机风量的最优运行方式。使用迭代动态规划算法对于冻结间食品冻结过程的动态优化问题进行求解。结果表明，对于传统运行方式，存在一个蒸发温度和冷风机风量的最优组合，使规定时间内完成冻结最节能。在蒸发温度保持不变或冷风机风量保持不变，以及两者皆可随意变化的条件下，冻结速率约束条件下的最优运行方式能够获得比冻结时间约束条件下的最优运行方式更好的节能效果。

在前述动态优化结果的基础上，提出分段冻结系统，在每个阶段内使用固定的蒸发温度与冷风机风量，阶段性地调整其运行方式。对于一个有多个冻结间的实际冷库，建立库房模型和制冷系统模型，对其实际运行状况进行模拟并与测试结果进行对比，以验证模型的准确性。在全年各月不同气象参数和各月不同冷库产量下，分别对传统运行方式和分段冻结方式进行全年工况模拟，结果表明，采用分段冻结系统，根据各月冻结食品产量，采用不同的冻结时间，增加了冷库内同时投入使用的冻结间的数量，提高系统的COP值，减少冷风机的耗能和散热负荷，能够获得比较好的节能效果。

著者

2021.12

目　　录

第1章 绪 论

1.1 课题背景和意义

食品的变质腐败是由酶和微生物引起的，酶和微生物的作用对温度非常敏感，只要降低食品的温度，酶的活性就大大减弱，微生物的生命活动能力也受到抑制，繁殖能力下降。如果温度降到使食品冻结起来，由于水由液态变为固态，破坏了生物的生活机能[1]，这样食品就可以较长期的贮藏而不变质。冻结食品内不添加任何添加剂，同时能最大限度的保持食物的品质和营养成分，是目前最有效的遏制食品腐烂的保存方法之一[2]。冻结食品自问世以来，发展迅速，在发达国家中，冻结食品的销售量已占全部食品的40%，品种已达3 000多种。根据联合国粮农组织报道，全世界每年生产的易腐食品超过10亿t，而其中仅有4%被加工成冻结食品，因此冻结食品的发展潜力很大[3]。

随着国民经济的发展和人民生活水平的提高，人们对冷冻冷藏食品的依赖程度越来越高，这使得冷库行业得到了快速的发展。我国的食品冻结行业虽然起步较晚，但自20世纪80年代以来，随着经济的发展，食品冻结行业发展迅速[3]。到2000年，中国的冷库总容量约为500万t，制冷设备耗电量已达5亿kW·h以上，到2005年底中国冷库的总容量已达880万t，至2009年底，我国的冷库总容量达到6 137.39万m^3(参考贮存量1404.76万t)，据国际冷藏仓库协会的报告，中国冷库贮货量还在不断的增长[4]。然而，我国的冷库建设无论在规模、数量还是在技术水平上，与发达国家相比都存在较大差距。冷库设计时业主更多关注投资成本，设计仅限于满足生产需要，较少考虑冷库的运行节能，导致设计参数远离实际运行工况，生产成本过大。另外，我国的冷库还广泛存在智能化程度低、管理不规范和机械化程度低等现象[5]。

根据联合国环境署报告，制冷业已经是世界上22个大规模工业领域之一。在我国，制冷设备能耗已占全国耗电量的15%左右[6]。据统计，在大多数冷库的生产中，制冷系统的耗电量约占总体耗电量的50%～60%。长期以来，由于技术落后以及对冷库设计、操作中节能问题的忽视，冷库运行中电能的浪费相当严重。据上海地区的冷库调研结果显示，食品冻结过程的单位产品最小能耗为101 kW·h/t，最大能耗达294 kW·h/t，最大能耗几乎是最小能耗的3倍；低温冷藏的单位产品最小能耗为0.17 kW·h/(t·d)，最大能耗为0.92 kW·h/(t·d)，最大能耗达到最小能耗的5倍多，可见在相同的生产工艺要求下，单位产品能耗指标差别巨大，冷库的运行节能有很大的节能潜力[4]。我国冷库企业总体耗电量比较大，全国平均水平远高于国外同行业平均水平，国内外冷库的耗电量如表1-1所示[7]。冷库的节能优化研究对节能减排有重要的意义，寻求冷库在运行及管理中的节能途径变得尤为重要。

表1-1　国内外冷库耗电量对比[kW·h/(m³·a)]

中国		日本		英国	
上海冷库平均水平	全国冷库平均水平	先进水平	平均	先进水平	平均
76	131	32	48—56	16	60

1.2　冷库内食品冻结过程的研究现状

冷库内库房按其功能分为冷却间、冻结间、冷却物冷藏间、冻结物冷藏间和储冰间等，其中食品冻结主要在冻结间中完成。冻结间内食品的冻结过程不仅与食品自身热物理性质和外部包装材料有关，而且受到冻结间内部空气温度场、流场等因素的影响。因此，冻结间内食品冻结过程的研究既包括对食品及包装材料内传热传质过程的研究，也包括对冻结间内部空气参数分布及其对食品冻结过程影响的研究。

1.2.1　食品对流换热系数的研究

食品冻结过程中的对流换热系数直接受到食品表面空气边界层厚度的影响，对于简单形状的物体，如无限大平板，同时流动为层流时，边界层的厚度和对流换热系数的数值可以得到解析解。而当食品表面不是平面，流动发生分离进而产生漩涡，这时，无法得到对流换热系数的解析解，而必须通过实验方法或者数值模拟方法求解[8]。获得食品对流换热系数的实验方法可以分为稳态温度测试法、表面热流测试法和动态温度测试法三种。

通过表面热流测试法，可以直接测得食品表面的局部对流换热系数。Harris、Willix和Kondjoyan分别使用表面热流测试法测试了羊肉、牛肉和猪肉冻结过程的对流换热系数[9-11]。A. Amarante使用通过在冻结食品表面贴附热流传感器，直接测量食品冻结过程中热流密度，从而计算得到食品表面不同位置的局部对流换热系数[12]。

在食品对流换热系数的实验研究中，动态温度测试法[13]的应用最为广泛。Becker 和 Fricke 根据食品降温过程的特点，即在经过初始阶段的延迟之后，食品中心的温度呈对数规律下降，实验测得食品冻结过程中的中心位置的降温曲线，结合食品的物性参数，计算得到降温过程中的对流换热系数。为了简化及减少实验，在不同工况下进行多次实验，将实验结果拟合成无因次准则关联式[14]。Alain Kondjoyan 使用风道实验测量了不同送风参数情况，不同形状的食品冻结过程中的对流换热系数[8]。在风道实验中送风自由流的紊流强度被人为的降低到一个非常低的数值，而在实际工业冷库中，由于风扇和障碍物的存在产生漩涡，流动是高强度紊流。为了考虑紊流强度的影响，一个无因次数 $TuRe^m$ 被引入对流换热系数的拟合公式中：

$$Nu = ARe^n(1 + BTuRe^m) \tag{1-1}$$

式中　Nu——努谢尔特数；

Re——雷诺数；

Tu——紊流强度，是反映紊动强弱的特征值；

A,B,m,n——拟合常数。

通过实验方法可以准确得到食品冻结过程的对流换热系数，但是由于食品冻结过程影响因素众多，使实验得到无因次关联式往往具有严格的使用条件，很难直接应用到食品冻结过程的实际计算中。另外，食品冻结实验的成本一般较高，对测量仪器的精度也有很高的要求。因此，数值模拟方法在食品的对流换热系数的计算中得到越来越广泛的应用，较为成熟的方法是 Computational Fluid Dynamics(CFD)方法。早期的食品冻结过程模拟研究中，大多通过经验公式计算食品冻结的平均对流换热系数，然而这些由简单几何形状的食品冻结实验得到的经验公式并不适用于复杂几何形状食品的冻结，导致计算结果误差较大。近年来，越来越多的学者使用 CFD 方法进行食品冻结过程的研究，CFD 方法能够有效地计算复杂形状食品的表面局部传热传质系数。Hu 和 Sun 分别使用三种紊流模型标准 k-ε 模型、低雷诺数 k-ε(LRN)模型、Renormalisation-group (RNG)k-ε 模型三种紊流模型模拟食品冷却过程中的对流换热系数，并通过与冻结实验中食品温度和失重的对比验证了模型的准确性[15]。Pham 和 Trujillo 将牛肉胴体分成多个部分，使用 RNG k-ε 模型分别计算每部分的流换热系数，并将结果拟合成无因次关联式[16]。Verboven 使用数值模拟方法计算了矩形食品冷加工过程中的对流换热系数，在模拟时固定了食品的表面温度，计算食品表面不同位置的局部对流换热系数，并积分得到了食品的平均对流换热系数[17]。

在强制空气循环的冻结方式中，利用空气与食品之间的对流换热对食品进行降温。对于无外包装的冻结食品来说，在食品与外部空气的接触过程中，不仅发生对流换热，同时食品内的水分以对流传质的方式进入空气，造成食品冻结过程的失重。食品冻结过程失重过多，会严重影响食品的冻结质量。对于没有外包装的食品冻结过程而言，传热传质同时发生，对流换热系数和对流传质系数之间存在刘易斯关系式[18]：

$$\frac{h_a}{K}=\frac{C_{av}}{\rho_a}(Le)^b \tag{1-2}$$

式中 h_a——对流换热系数，W/(m^2·℃)；

K——对流传质系数，kg/(m^2·s)；

ρ_a——空气密度，kg/m^3；

C_{av}——空气体积比热，J/(m^3·℃)；

b——系数，取值范围为 0.4 到 0.66，大多数情况下取 0.66[19,20]；

Le——刘易斯数。

在食品冻结过程的计算中，通常根据上式通过对流换热系数来计算得到对流传质系数。然而，Daudin 和 Swain 发现，在风速小于 0.6 m/s，同时存在辐射换热的情况下，使用刘易斯关系式计算的结果也会有较大的误差[21]。

在冻结食品的实际生产过程中，为了减少食品的失重，同时也出于运输便利、外形美观等原因，通常在对冻结食品进行包装处理。以分割肉为例，分割肉在低温环境下进行分割加工后，然后进行包装处理，在分割肉表面包裹一层聚乙烯薄膜，包裹方式有严格的规定，使其起到隔绝水分传递的作用。然后将包裹好的分割肉置于纸盒或者铁盒中进行冻结。为了容纳分割肉冻结过程中的体积膨胀，在分割肉和外包装之间一般都留有一定的空隙。在计算冻结食品与空气之间的对流换热系数时，需要考虑外包装的影响。然而，在现有的涉及到带有外包装的食品冻结过程的模拟中，大多忽略包装材料的热阻，或者仅仅计算包装材料的热阻作为食品外部包装的热阻，忽略了冻结食品与外包装之间的空气层的影响。而在考虑了空气层的食品冻结过程模型中，通常也仅仅以单纯的导热模拟空气层内的传热过程。这些处理方式常常导致模拟结果与实际情况差别较大，因为包装材料对食品冻结过程有很大的影响，忽略食品外包装或者外包装热阻计算得不准确都将导致模拟结果与实际情况的偏差。

1.2.2 食品冻结过程传热传质的数值模拟

从化工传递理论的角度看，食品冻结是低温环境下食品内部固相和液相物质之间热量和质量传递的过程，同时常常伴随着体积变化、水分扩散与蒸发、细胞受压和破裂、细胞脱水、过冷、冰核形成及生长等现象。食品冻结过程的机理研究尚未形成成熟的理论，近年来玻璃化转变和冰结晶等理论的提出，为食品冻结过程的研究提供了新的思路。

近年来，在食品冻结过程的研究中数值模拟方法得到越来越多的应用。在食品冻结过程的研究中，现已发表的食品冻结过程简化模型大多用于预测食品的冻结时间，而非用于模拟食品冻结的降温过程[22-27]，这些简化模型大都通过实验数据进行拟合得到，适用范围小。对于大多数实际的食品冻结过程，为了获得更准确的计算结果，都需要使用数值方法。在食品冻结过程中，在食品内部的每一点应用傅里叶热传导方程，得到下式[28]：

$$\rho_m C_m \frac{\partial T_m}{\partial t} = \nabla(k_m \nabla T_m) + q_m \tag{1-3}$$

式中　ρ_m——食品密度，kg/m^3；

C_m——食品比热，J/(kg·℃)；

k_m——食品导热系数；

T_m——食品内部各点的温度，℃；

q_m——食品内部均匀热源项，W/m^3。

对上述偏微分方程进行离散求解，可以对食品的冻结过程进行模拟。然而，食品冻结过程的数值模拟仍然存在一些难点。在纯物质的凝固过程中，相变发生在一个确定的温度下，而且固相和液相被一个明确的移动界面隔开，对于这种情况，可以通过确定移动界面的位置来求解此类问题。此类经典的凝固问题也被称为 Stefan 问题，在这类问题中所有的相变和潜热发生在一个温度下，其过程完全决定于热量传递，不考虑由于扩散和成核现象而引起的延阻作用，求解这类问题的主要困难在于如何处理在很小的温度范围内物体释放出的大量潜热。求解这类问题可以使用移动网格法，将物体分为固相区、液相区和移动界面三部分，通过界面上的能量平衡公式，来计算移动界面的具体位置[28]。

$$[k_m \nabla T_m]_u n - [k_m \nabla T_m]_f n = \rho_w L_w \omega_f n \tag{1-4}$$

式中　ρ_w——食品中水分密度，kg/m^3；

$[k_m \nabla T_m]_u$——冻结面与固相区之间的热流向量，W/m^2；

$[k_m \nabla T_m]_f$——冻结面与液相区之间的热流向量，W/m^2；

L_w——水的相变潜热量，J/kg；

ω_f——冻结面移动的速度，m/s。

移动网格法对于温度和冻结面位置可以给出准确收敛的解，但这种方法的应用范围有限，因为对于大多数食品冻结过程而言，相变不是发生在一个明确的温度值上的，而是发生在一个温度范围之内的，这样就难以确定一个明确的冻结面。在大多数混合物、合金以及非纯材料的凝固过程中，凝固现象发生在一个相当宽的温度范围内，此时液相和固相被一个移动的两相区域所隔开，食品的冻结就属于这种情况[29]。

食品冻结过程模拟的另一难点在于食品冻结过程中的物性参数变化，食品的比热容和导热系数等参数在食品温度降低到初始冻结点温度时都会发生突变，这将导致描述食品内部传热传质的偏微分方程变得高度非线性，难以求解。

为了解决上述两个问题，将食品冻结过程中释放的潜热和物性参数变化引入到冻结模拟的热传导模型中，而不考虑冻结过程中的相变界面的移动和位置，这就是固定网格法，固定网格法是处理食品冻结问题的更通用有效的方法。根据食品冻结过程潜热项的处理方法不同，固定网格法还可以分为源项法、表观比热容法、焓法和准焓法等方法[28]。

（1）源项法

源项法即将潜热处理成源项，即方程（1-3）中的 q_{m} 项[30]：

$$q_{\mathrm{m}}=\rho_{\mathrm{m}}\frac{\nabla g_{\mathrm{m}}}{\nabla t} \tag{1-5}$$

式中　∇t——时间步长；

∇g_{m}——∇t 期间单位质量物体释放的潜热，J/kg。

ρ_{m}、q_{m}——同式（1-3）。

∇g_{m} 取决于 ∇t 期间食品的温度变化 $T_{\mathrm{m}}^{\mathrm{new}}-T_{\mathrm{m}}$，然而大多数食品的潜热释放发生在一个很宽的温度范围内，对于不同食品，潜热释放的温度范围不同，且难于界定。

（2）表观比热容法

表观比热容法即将潜热释放考虑到食品比热容的变化中，潜热以显热的形式出现，得到一条在冻结点附近有高峰的比热容曲线，如图 1-1 所示[24]。由于比热容变化大，每一步必须进行内插计算，但常常难于收敛，出现潜热估计不足的情况。学者们为了提高使用表观比热容法计算的准确度，提出了很多近似计算有效比热的方法，但效果都不够理想[31-36]。

（3）焓法

焓法即将潜热的释放合并到焓值的计算中[37,38]，其基本方程是：

$$\rho_{\mathrm{m}}\frac{\partial H_{\mathrm{m}}}{\partial t}=\nabla(k_{\mathrm{m}}\nabla T_{\mathrm{m}}) \tag{1-6}$$

式中　H_{m}——食品的焓值，J/kg；

T_{m}——食品内部各点的温度，℃；

ρ_{m}、k_{m}——同式（1-3）。

对每个时间步长的焓值变化 $\nabla H_{\mathrm{m}}=H_{\mathrm{m}}^{\mathrm{new}}-H_{\mathrm{m}}$ 进行迭代求解，直到方程的

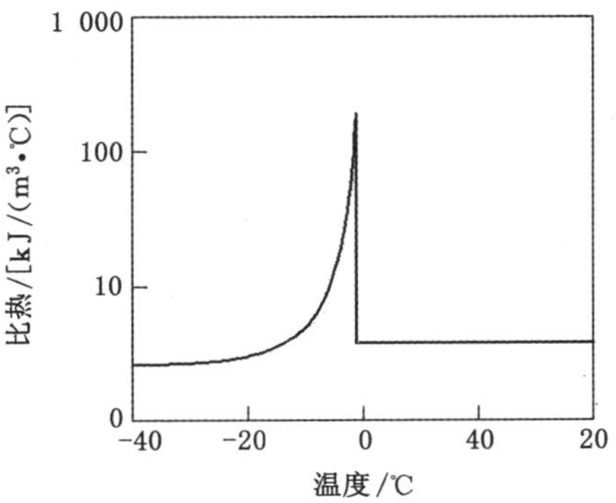

图 1-1 表观比热与温度关系

残差小到可以接受为止。

(4) 准焓法

准焓法在焓法的基础上通过增加一个比热容估计的步骤和一个温度修正步骤进行潜热处理,避免了大量的迭代计算[39]。

Pham 对几种常见类型的固定网格法进行了比较,比较的内容包括精度、收敛时间、热平衡误差以及计算效果等,结果显示,焓法和准焓法在上述大多数比较内容方面表现最好[31]。

对于食品冻结过程的模拟,学者们进行了大量研究,并通过实验进行了验证[3,40-43]。然而实际冷库中的食品冻结大多采用强制空气循环方式,食品的冻结过程不仅与食品内部的传热传质过程有关,而且与吹过食品表面的空气参数有关,理论上可以同时模拟食品内部以及食品与空气之间的传热传质过程,但是计算量大,过程复杂,对于复杂几何形状的食品的冻结过程进行模拟,通常可以采用解耦方法。将模拟分解为三个部分,食品周围空气流场的模拟、食品与空气之间对流换热系数的计算和食品内部的传热传质过程的模拟。Trujillo 和 Pham 建立了牛肉冷却过程的传热传质动态模型,由于传热过程和传质过程发生的规模和位置不同,当整个食品已经完全冻结的时候,传质过程只发生在食品的表层,为了同时模拟传热传质过程,建立了两种形式的网格,三维网格用来模拟传热过程,一维网格用来模拟传质过程。首先进行稳态的流场模拟,不考虑食品的传热传质,同时忽略自然对流。然后固定食品表面的温湿度,在空气侧进行稳态模拟,分别计算了局部传热和传质系数。最后,使用第三类边界条件,在食品内部同时进行传热和传质的模拟[44]。Pham 和 Trujillo 随后改进了这个模型,他们使用 CFD 来计算传热传质系数,忽略自然对流的影响,对计算得到的局部传热传质系数进行拟合,得到通用公式,然后使用有限元法对食品同时进行传热传质模拟，在食品表面传热传质现象发生耦合[16]。Hu 和 Sun 提出一种三步法，模拟了圆柱形状的熟肉的传热传质过程。首先进行稳态流场的模拟，考虑自然对流的影响。然后进行对流换热系数的模拟计算，根据刘易斯关系式由对流换热系数计算得到对流传质系数，最后，进行食品自身传热传质过程的模拟[45]。Hu 和 Sun 将模型进一步改进，修正了食品表面自然对流对流场的影响，使用局部对流换热系数代替平均对流换热系数进行求解，同时比较了几种常见的紊流模型和经验公式的计算结果[15]。

在强制空气循环方式的食品冻结中，影响食品冻结过程的因素包括食品外部空气温度、流速、紊流强度等参数。食品外部空气温度决定了食品与外部空气之间的对流换热温差，空气流速和紊流强度等参数直接影响食品与外部空气之间的对流换热系数。对于需要在规定时间内完成的食品冻结过程而言，降低空气温度同时增大空气流速，或者提高空气温度同时减小空气流速，都可以在规定冻结时间内完成食品冻结。因此，在满足食品冻结工艺要求的条件下，食品外部的空气温度、流速、紊流强度等参数可以有多种组合方式。

1.2.3 食品的冻结质量的评价指标

食品冻结质量受到冻结过程中多种因素的影响，主要与冻结过程中食品的水分流失以及内部形成的冰结晶的大小、位置有关。对于食品冻结质量，国内外并没有通行的分级评价指标。在实验室条件下，可以通过检测食品冻结过程的失重、解冻汁液流失率、pH 值、加压失水率、蒸煮损失率以及组织结构观察来进行评价[46]。上述检验方法通常需要使用精密的仪器和复杂的检测手段，在实际冷库生产中难以应用。

食品的冻结质量主要取决于冻结过程食品内部的冰晶的大小和分布，当食品冻结较快时，食品内的水分形成无数针状小冰晶，数量多，主要分布在细胞内；而当冻结速率较慢时，形成的冰晶则是少数柱状或者块状大冰晶，冰晶大部分在食品细胞间形成[47]。由于水结冰时体积会增大，冻结较慢的食品内部所形成的大的结晶体会使食品细胞受挤压而变形，导致细胞壁的机械损伤或破裂。破裂的细胞在解冻时无法恢复原状，最终使食品中的蛋白质、淀粉等成分的保水性变成脱水性，致使冰结晶融化成水也不能被吸收，造成汁液流失，使食品的冻结质量变差。因此，食品冻结过程的快慢是影响食品冻结质量的重要因素。在实际冷库生产中通常使用食品的冻结时间或冻结速率作为衡量食品冻结质量的指标。

1.2.3.1 冻结时间

在冷库的实际生产中大都使用冻结时间作为食品冻结质量的评价指标。通常以食品热中心温度达到要求温度作为冻结完成条件，对于肉类冻结而言，需要使其中心温度达到－15 ℃。食品的冻结时间指标要求，在规定时间内食品的热中心温度从初始温度降低到所要求的温度。

在冻结间内空气温度、流速等食品冻结条件保持固定的条件下，在规定的冻结时间内完成食品冻结过程，就可以保证食品的冻结质量满足要求。对于不同种类的食品和相应的冻结条件，在设计规范中有相应的食品冻结时间规定[48]。在这种情况下，冻结间的实际运行不但受到库房空气温度的影响，同时受到冻结时间的制约。只有当冻结间空气温度达到要求温度，同时食品冻结时间达到规定的冻结时间时，冻结间才停止运行。此时认为食品的冻结质量达到要求，在食品出库时通常需要对食品的中心温度进行抽样检测。

然而由于冷库制冷系统负荷的波动以及控制方式的制约，冻结间内空气参数分布无法保持稳定不变，导致食品冻结条件的改变。在冻结间内食品冻结条件不断变化的情况下，即使食品的冻结时间达到规定时间，也无法保证食品的冻结质量满足要求。

1.2.3.2　冻结速率

相对于冻结时间指标，食品的冻结速率可以更加准确的表征食品的冻结质量。食品的冻结速率与食品组织中的冰结晶大小和位置密切相关。这是因为，食品中的水分分布大致可以分成两部分，一是细胞内的水分，为胶体结合水；二是细胞间隙中的水分，为游离水。而胶体结合水比游离水的冻结点要低得多。在食品冻结时，首先冻结的是游离水和含盐浓度较低的水。当食品在冻结时，细胞间隙内的水分首先结成冰结晶。当细胞外的水分已经结成冰时，细胞内的水分因为冻结点低仍然处于液体状态。由于两者饱和蒸汽压的不同，致使细胞中的水分发生渗透作用，或以水蒸气状态透过细胞膜而扩散到细胞间隙中。若冻结速率大，使冰结晶速度大于水和水蒸气的扩散渗透速度，此时形成的冰结晶均匀地分布在食品细胞内和细胞间隙，而且冰晶较小，食品的冻结质量较好；若冻结速率较小，大部分水在细胞间隙内冻结，从而形成较大的冰晶体，降低食品的冻结质量。因此，冻结速率是衡量食品的冻结质量的重要指标。

通常有三种方法来表征食品的冻结速率，分别为：

① 食品通过最大冰晶生成带的时间。大部分食品降温通过－1 ℃～－5 ℃的过程中，食品内部约 80%的水分都已经形成冰晶，定义这个温度范围为食品的最大冰晶生成带。使用食品热中心（即食品内部温度最高的点）降温通过最大冰晶生成带的（－1 ℃～－5 ℃）时间衡量食品的冻结速率。当这个时间小于 30 min 时，规定为快速冻结，大于 30 min 为慢速冻结。

② 冰峰的前进速率。Plank 提出，以－5 ℃作为结冰锋面，测量结冰峰面从食品表面向内部移动的速率。规定当冻结速率为 0.1～1 cm/h、1～5 cm/h、5～

20 cm/h 时，冻结为慢速、中速和快速冻结[49,50]。

③ 国际制冷协会(The International Institute of Refrigeration)将食品冻结速率定义为[51]，食品表面到热中心的最小距离与从食品表面达到 0 ℃到热中心温度下降到初始冻结点以下 −10 ℃或 −5 ℃所经历的时间之比。根据国际制冷学会提出的食品冻结速率计算公式：

$$V_{fs}=\frac{\delta_{fs}}{\tau_{fs}} \tag{1-7}$$

式中 V_{fs}——食品的冻结速率，cm/h；

δ_{fs}——食品表面到热中心的最短距离，m；

τ_{fs}——食品表面达到 0 ℃至热中心达到初始冻结温度以下 5 ℃所需要的时间，h。

1.2.4 冻结间内空气参数分布的模拟

在强制空气循环的冻结方式中，利用冷空气与食品之间的传热传质过程对食品进行降温冻结。对于冻结间内几何形状、包装形式和摆放位置固定的食品来说，其传热传质过程主要取决于吹过食品表面的冷空气的参数。其中，热量传递与食品和冷空气的温差成正比，水分传递与冷空气和食品表面的水蒸气分压力差成正比，而传热传质系数都受到空气流速、紊流强度等空气参数的影响[52]。

由于受到冻结间外形结构、送风方式、内部设备以及食品摆放位置等多方面因素的影响，冻结间内部空气参数分布无法保持完全一致，在不同位置存在空间差异，导致不同位置食品的冻结过程存在差异，使同一批进库的食品完成冻结所需的时间不一致，在出库时，食品的冻结质量存在差别。冻结间设计的一个主要的目标就是消除空气参数分布的空间差异，使冻结间内空气参数分布尽量一致。

在强制空气循环的冻结间中，冷空气被直接吹到食品表面，两者之间发生热质交换，在这个过程中，空气与食品之间的热量交换包括对流换热、辐射换热和水分蒸发的换热量。研究表明，在传统的冻结条件下，辐射换热比对流换热小很多，忽略辐射换热会导致食品中心温度高估 0.7 ℃，表面温度高估 1 ℃[53]。对于表面无包装的食品，蒸发换热量可能会很大，尤其是在冻结的初始阶段。实验表明，在肉从 40 ℃降温到 7 ℃的过程中，初始阶段食品的蒸发换热量大约是对流换热量的三倍[8]。在食品中通常使用水分活度是指食品中水分存在的状态，即水分与食品结合程度(游离程度)。水分活度值越高，结合程度越低；水分活度值越低，结合程度越高。因此，在正常的冻结条件下，无包装的食品的表面水分活度非常接近于 1，即其水分存在形式与自由水面相似，其表面蒸发换热量直接与传质系数相关。传热和传质系数由刘易斯关系式彼此相关，这个关系式对于简单情况可以理论证明，对于复杂情况已经实验证明过。食品冻结过程模拟的精确度主要取决于对流换热系数计算的精确度，研究表明[53]，30%的对流传热系数的变动会导致是食品中心温度1.2～1.8 ℃的变动，这种影响在低风速情况下更加明显，在风速分别是2 m/s、1 m/s、0.5 m/s的情况下，对流传热系数的30%的变动会导致冻结时间大约15%、21%和30%的变动。

CFD方法可以很好的解决冻结间气流组织的设计问题，近年来，CFD方法在食品冻结的研究中得到越来越多的应用，大多数研究集中于复杂几何形状的单体食品的传热传质过程研究，而对于同时冻结多个食品的冻结间，一般对冻结间内的空气传热传质过程进行模拟，得到温度场和流场的空间分布，进而分析冻结间内的气流组织情况。对于冷库内食品冻结的动态模拟，国内外的研究者们已经提出了许多不同的模型，已有的冷库动态模型大多使用经验公式来计算食品的温度和负荷变化，对于整个冻结间中存放的多个食品，大都使用统一的空气温度和对流换热系数对这些食品的冻结过程进行模拟，而没有考虑冻结间内不同位置的空气参数的差异，因此也就无法得到冷库中不同位置食品的冻结过程差异。

谢晶和瞿晓华以实验冷库内气流组织为研究对象，采用了SIMPLE算法和交错网格技术进行了求解计算，结果表明整个冷库的流场中存在一个中心大回流区[54,55]。余克志和陈天及建立了小型装配冷库的二维数学模型，研究了冷库内食品位置对气流分布的影响，以及送风速度和库房温度对库房空气温度分布的影响[56]。荆有印和王长海等人采用FAN模型建立冷风机的动态模型，研究了冷风机的运行工况对库房流场分布情况[57]。刘清江等人对于存有食品的高大空间冷库的气流组织进行模拟，忽略支架等支撑物对于冷库内流场的影响，并与实验结果进行对比，得到了比较满意的结果[58]。H. Hasse采用自上而下的方法对冷库内的传热和传质行为进行了分析，并且采用积分求法对不同的微分方程进行了求解[59]；Van Gerwen和Van Oort使用CFD三维模型模拟了存放了农产品的冷藏库内气流组织和传热过程，并研究了不同气流组织形式对于冷却效率的影响，但并未给出验证[60]。Hoang等人使用CFD三维模型模拟了一个存放菊苣根的冷库内的气流组织、传热和传质过程，并使用了不同位置的空气温度进行了验证[61]。H. B. Nahor和M. L. Hoang等人利用CFD工具对一个存放梨的冷库在空库和满载工况下进行了动态模拟，研究在冷风机动态运行工况下库房温度随时间变化的规律，模拟与实验结果吻合较好[62]。Hu和Sun使用CFD方法加工火腿在冷却过程中的传热传质及库房内的流场分布，研究了库房送风温度的波动对于食品冷却过程的影响[63]。刘永娟建立了冻结间空库和存放食品时的三维模型，研究了食品不同摆放形式对于库房内气流组织的影响[64]。Mirade等人对一个存放了290个猪肉胴体的冷却间建立了三维模型，将模拟分成四部分，首先进行了库房内空气速度分布的模拟，之后计算每个食品单体周围的平均空气流速的分布情况，根据上述平均空气流速计算每个食品单体的对流换热系数，最后使用模拟了每个食品的冷却过程。该方法既计算了冷却间内部的空气流场，又进一步研究了空气流场分布情况对于食品冷却过程的影响[52]。

CFD 方法在冷库内空气参数分布方面的研究已经得到了广泛的应用，大多数研究都将重点放在空库流场的模拟上，从空库流场模拟的结果预测库房满载时食品的冻结或冷却过程。然而在实际情况中，由于食品及库房内部设备的影响，满载时库房内的流场要比空库时复杂得多，基于空库模拟得到的结果，很多情况下并不适用于满载时的情况。对于满载时冻结间内空气参数分布，现有的研究则大多局限于流场模拟，而对流场的不均匀性对食品冻结的影响，缺乏进一步的研究。另外，在现有的研究中，关于冷却间和冷藏间的研究较多，而对于食品传热传质过程更加复杂的冻结间的研究较少。

1.3 冷库制冷系统节能优化与动态优化理论的研究现状

在冷库的运行中，制冷系统的能耗往往占到整个冷库的 50%～60%，而在冷库的各种食品加工过程中，食品冻结的能耗远远高于食品冷藏的能耗。以上述上海地区调研结果为例，食品冻结过程的单位产品最小能耗为 101 kW·h/t，最大能耗达 294 kW·h/t；食品低温冷藏的单位产品最小能耗为 0.17 kW·h/(t·d)，最大能耗为 0.92 kW·h/(t·d)。若食品冻结和食品冷藏都取最小能耗，假设食品冻结过程在 2 天内完成，那么单位质量食品的冻结能耗与冷藏能耗分别为 50.5 kW·h/(t·d)和 0.17 kW·h/(t·d)。食品冻结与冷藏的耗能差异是由这两种食品加工过程的本质决定的，在食品冻结过程中，制冷系统除了负担冷风机、围护结构、空气渗透等负荷外，还需要负担食品的放热负荷，此时，食品负荷为制冷系统的主要负荷；而在食品冷藏过程中，食品温度相对稳定，食品负荷较小，制冷系统的主要负荷为冷风机、围护结构、空气渗透等负荷。可见，食品冻结是能源密集型工业过程，在冷库能耗中，制冷系统所占比重最大，远远大于其他设备的能耗，冷库制冷系统的节能优化对于节能减排具有现实意义。

1.3.1 冷库内食品冻结的间歇过程与连续过程

工业生产过程通常可以分为间歇过程(Batch Process)和连续过程(Continuous Process)两种[65,66]，两者的区别在于，连续过程有一个状态变量保持稳定不变，而间歇过程没有稳定不变的状态变量[67]。间歇过程是指所有的生产步骤在同一位置而在不同的时间进行，其操作状态不稳定，参数随时间而变。间歇过程常见于化学工业生产中，大多数化学制剂、药品和聚合物都是通过间歇过程生产得到的。在间歇生产过程中，所有的反应物被放入容器中，依据事先确定的反应过程进行反应。在反应过程中，没有任何反应物的加入或者移除。连续过程是指物料是均匀的、连续地按一定工艺顺序运动的，特点是工艺过程的连续性。

在冷库的运行过程中，则同时存在这两种动态过程。在冷库内冷却物冷藏间和冻结物冷藏间中，食品温度基本保持稳定不变，调节制冷系统以维持库房内稳定的空气温度，在一段时间内，库房每天的进货量和出货量都是不变的。此时，冷库内的食品冷藏过程为连续过程。而对于冻结间内的食品冻结，可以按进货方式分为间歇进货和连续进货两种方式。在间歇进货方式中，食品整进整出，进满后关闭库门开始冻结，食品温度从高到低，库房负荷从大到小，波动幅度较大，直至所有食品的温度达到冻结要求，打开库门，食品出库，在这种进货方式下食品的冻结过程为间歇过程；在连续进货方式中，食品在吊轨的牵引下匀速通过库房，每个单体食品都以相同的速度经过相同的路径，所有食品的冻结条件相同，冻结过程和冻结质量相同，冻结间内热负荷保持恒定，达到冻结要求后出库，此时食品的冻结过程为连续过程。相对于传统的间歇进货方式，连续进货方式的冻结间具有制冷系统运行稳定、食品冻结质量均匀一致等优点，但由于投资大、操作复杂等原因，在实际生产中，大多数冷库内的食品冻结仍然采用间歇进货方式的冻结间。在本书的研究中，以间歇进货方式冻结间内的食品冻结过程作为研究对象，其动态过程也为间歇过程。

对于不同类型的工业过程，其优化计算方法可以分为动态优化和静态优化两种：

① 动态优化就是调节动态过程状态方程中的某个（或多个）控制变量，使得动态过程的某个指标达到最优。动态优化问题又称为最优控制问题，即计算动态系统的最优控制方式，使目标函数取极值。

② 与动态优化相对的是静态优化，就是选择系统的最优工作点参数使目标函数取极值。对于连续过程来说，一般使用静态优化，确定系统运行的某一最优参数。

③ 静态优化和动态优化都有描述问题的数学模型和度量处理结果优劣的目标函数[68]，但在数学基础上两类问题分属两个不同的范畴，静态优化问题属于运筹学范畴，而动态优化问题属于变分学范畴，其基础理论框架是不一样的[69]。

在现有的冻结间运行方式中，大多采用固定冻结间空气温度的控制方式，通过调整制冷系统的运行参数来保持冻结过程中冻结间空气温度不变。在这种运行方式下，在食品进库初期，食品温度较高，食品与冻结间空气之间的温差较大，负荷较大，而在冻结过程末期，食品与冻结间空气的温差很小，负荷很小。而在冻结间的设计中，通常采用食品冻结过程的平均负荷作为制冷系统容量计算的依据，导致在冻结间实际运行过程中，在食品进货初期，制冷系统的制冷能力通常无法满足冻结间的负荷需求，导致冻结间内空气温度和制冷系统蒸发温度升高，而在冻结过程末期，食品负荷减小，制冷系统制冷能力远远大于冻结间负荷，压缩机启停频繁。可见对于冻结间内的间歇食品冻结过程，采用连续过程的运行方式并不适用。综上所述，对于间歇进货方式的食品冻结而言，需要使用动态优化方法，确定冻结过程中制冷系统的运行方式，使冻结过程能耗最小，同时满足了食品冻结的工艺要求。

1.3.2 动态优化理论的研究现状

大多数工业过程，从严格意义上讲，都是一个动态过程。所谓动态过程，就是指描述过程的状态变量随着时间的演进、空间的转移而发生改变的过程[70]。描述动态过程的数学模型称为动态模型，通常为一组微分方程或差分方程。动态优化问题就是优化计算动态过程的控制变量，使整个过程的某个指标达到最优。相对于静态优化而言，动态优化的目标函数是一个泛函，解是多维空间中的曲线或者曲面，而静态优化的目标函数是一个一般意义上的函数，解只是多维空间中的点。

动态优化问题一般可以表述成如下形式[71,72]，其中 $x(t)$、$y(t)$、$u(t)$都是 $t\in[t_0,tf]$的未知函数。目标函数 J 由终端时刻性能泛函 $\Psi[x(tf)]$和固定时间段内的性能泛函 $\int_{t_0}^{tf}\phi[x(t),y(t),u(t)]\mathrm{d}t$ 复合组成：

目标函数：

$$\min \quad J=\Psi[x(tf)]+\int_{t_0}^{tf}\phi[x(t),y(t),u(t)]\mathrm{d}t\,(t\in[t_0,tf]) \tag{1-8}$$

约束条件：

$$\begin{gathered}\dot{x}(t)=F[x(t),y(t),u(t)]\\ x(t_0)=x_0\\ G_p[x(t),y(t),u(t)]\leqslant 0\\ G_b[x(t_b),y(t_b),u(t_b)]\leqslant 0 \quad (t\in[t_0,tf])\\ x^L\leqslant x(t)\leqslant x^U,y^L\leqslant y(t)\leqslant y^U,u^L\leqslant u(t)\leqslant u^U\end{gathered} \tag{1-9}$$

式中 J——目标函数；

$x(t)$——n_1 维微分状态变量；

$y(t)$——n_2 维代数状态变量；

$u(t)$——m 维控制变量；

x^U, x^L——微分状态变量的上下界；

y^U, y^L——代数状态变量的上下界；

u^U, u^L——控制变量的上下届；

F——连续可微的函数向量；

G_p, G_b——路径约束和点约束。

在约束条件中，一类特殊而重要的点约束为终点约束（$t=tf$）。在现有的冻结间运行方式中，通常采用终点约束作为食品冻结工艺约束条件，限制食品的冻结时间，从而保证食品的冻结质量，即要求食品的热中心温度在冻结时间内达到要求温度。动态优化的目的是找到一种最优控制策略，即需要确定最优控制函数 $U^*(t)$，使得与之对应的最优轨迹 $X^*(t)$ 满足以上约束条件，并且目标函数即性能指标达到最优。

动态优化的核心问题是求解方法的研究，动态优化问题的解法可以分为三类：解析法、数值方法和启发式算法。这三类方法各有优劣，适用于不同的场合：

（1）解析法。动态优化问题的解析求解方法主要有两类，基于庞特里亚金极大值原理的变分法和基于贝尔曼最佳原理的动态规划方法两类。解析方法最大的缺点是在求解过程中包括了符号运算，这对于计算大型的系统来说非常的困难和复杂。

（2）数值方法。对于稍许复杂的动态优化问题，一般不能得到其解析解，需要采用数值方法将无限维的优化问题近似地离散为欧几里得空间的优化问题，以分段离散的曲线逼近最优控制轨线。常用的离散策略有同步策略、控制变量参数化方法以及迭代动态规划方法等，在精度上比仿生类算法要高，但对于混杂系统，无法直接实现应用。

（3）启发式算法。基于启发式算法的动态优化求解起始于 20 世纪 90 年代，多数是在过程优化背景下的研究，目前还处于初步研究阶段，未形成体系性的研究。比较有代表性的几种算法有：遗传算法、蚁群算法、模拟退火算法等。启发式算法的优点是计算效率高，但是寻找全局最优时没有优势，计算精度低，很难将其应用在现代工业实际中[73]。

1.3.3　冷库制冷系统节能优化的研究现状

大型冷库内通常使用氨制冷系统，张建一等在 1998 年对美国和加拿大的冷库制冷装置进行调研，对国外冷库制冷系统的发展有了深入的了解[74]。结果显示，在 1998 年的 IRAW 目录（International Directory of Public Refrigerated Warehouses）下的 352 个冷库中，使用氨作为制冷剂的冷库约占 87％，只有 13％的冷库采用了卤代烃制冷剂。使用活塞式压缩机的厂家有 12 家，占 19％，螺杆式压缩机已经得到广泛的应用，80 年代以后建设的冷库基本都使用螺杆式压缩机。制冷剂的供液形式主要为泵循环供液和直接膨胀供液，氨泵循环供液成为主流。蒸发器大多使用冷风机，采用吊顶式或固定在墙面上部的安装方式。冷凝器中蒸发式冷凝器占了绝大多数。另外，当制冷蒸发温度过低，需要采用双级压缩制冷系统，带中间冷却器的双级压缩系统在食品冻结中有着普遍的应用，中间冷却的方式主要取决于制冷剂[75]，有一级节流和二级节流两种方式。我国的双级压缩氨制冷装置基本上沿用一级节流，主要是利用一级节流的高压制冷剂便于输送的优点，此优点是对于重力供液系统而言的。目前，除了小型制冷装置外，我国大多数氨双级压缩制冷装置都采用了氨泵供液系统，在这种情况下，一级节流便于输送制冷剂的优点就失去了意义。据中国制冷学会对法国冷库的考察[76]，在冷库双级压缩制冷系统广泛采用二级节流。

在制冷系统的节能优化方面，国内外学者做了大量的研究工作。Lei Zhao 等人提出了一个对于蒸汽压缩式制冷系统的基于模型的最优化策略。通过分析每个部件的特性，和他们的相互关系，最优化问题被公式化成最小化耗能设备总的运行费用，在机械限制、部件相互作用、环境条件和冷却负荷等约束下，结合改进遗传算法和大型非线性方程组的求解方法来求解得到不同运行条件下的最优设定点[77]。Lu Lu 等人提出了对于整个 HVAC 系统的全局最优化方法。全局最优化的目标函数和约束基于主要部件的数学模型而形成，通过分析各部件之间的相互作用，对整个 HVAC 系统复杂的最优化问题进行简化求解[78,79]。Ooka 和 Komamura 提出了一种最优化设计建筑能源系统的方法。这种方法提供了效率最高的能源系统和各设备容量的最优组合，以及供热、供冷和供电系统的同时运行的最优策略[80]。Jensen 和 Skogestad 提出将制冷剂冲注量作为制冷系统的控制变量，讨论了制冷剂过冷对于系统效率的影响。为了达到自适应控制的目的，研究了如何选择控制变量，以改善系统效率和控制策略的表现[81,82]。Larsen 等人提出了一种梯度法，在保持系统蒸发温度和过热度不变的情况下，来寻找系统冷凝压力的最优解[83]。

现有的制冷系统节能优化研究大多针对连续过程。在满足系统负荷以及各部件相互关系的前提下，研究不同工况下的最优设定参数 U_{set}，此类优化为静态优化。然而在间接进货方式的食品冻结中，需要在规定的时间内将大量食品从初始温度降低到冻结完成温度。在此过程中，食品温度从高到低，食品放热负荷从大到小，这种间歇动态过程的优化计算需要采用动态优化方法。可见，用于食品冻结的制冷系统的节能优化属于动态优化的范畴，其结果不是制冷系统参数的最优设定点 U_{set}，而是制冷系统的最优运行方式 $U_{set}^*(t)$。

对于特定的食品而言，决定其冻结过程的因素为冻结间内空气温度 $T_a(t)$ 和流速 $U_a(t)$ 等参数分布。在满足食品冻结工艺要求的前提下，降低冻结间内空气温度同时减小空气流速，或者提高冻结间内空气温度同时增加空气流速，都可以达到相同的冻结效果。所以，冻结间内空气温度 $T_a(t)$ 和流速 $U_a(t)$ 等参数有无数种运行方式组合可以满足食品的冻结工艺要求。而冻结间内空气参数分布的主要影响因素为制冷系统蒸发温度 $T_e(t)$ 和冷风机的风量 $m_{ae}(t)$，这也就意味着满足食品冻结工艺要求的制冷系统蒸发温度 $T_e(t)$ 和冷风机风量 $m_{ae}(t)$ 也有无数种运行方式组合。然而，降低系统蒸发温度 $T_e(t)$ 会导致制冷系统效率降低，增大冷风机的风量 $m_{ae}(t)$ 会增大冷风机的能耗以及放热负荷。在所有这些满足食品冻结工艺要求的蒸发温度 $T_e(t)$ 和冷风机风量 $m_{ae}(t)$ 的运行方式组合中，存在使整个冻结过程能耗最小的最优运行方式组合 $T_e^*(t)$ 和 $m_{ae}^*(t)$。

综上所述，冷库制冷系统的节能优化就是从无数种运行方式组合中找到最优的运行方式组合 $T_e^*(\mathrm{t})$ 和 $m_{ae}^*(t)$，使食品的冻结过程满足工艺要求，同时使冻结过程消耗的能量最少。

1.4　本书的主要工作

冷库内制冷系统的节能优化计算要以食品的冻结工艺要求为约束条件，对冻结间内食品冻结过程进行动态优化，得到制冷系统的最优运行调节方式，一方面满足安全生产的需要，另一方面达到节能效果。而现有的制冷系统节能优化大多没有考虑食品冻结的约束条件，单纯从制冷系统的角度进行优化计算，另外，静态优化不适用于间歇进货方式下的食品冻结，无法得到其最优运行方式，需要使用动态优化计算方法。

本课题在单体食品冻结和冷库内空气参数分布研究的基础上，对冷库内食品冻结过程进行动态优化，主要研究内容及其相关性如图 1-2 所示。

各部分具体介绍如下：

(1) 对单体食品的冻结过程进行模拟，以带有外包装的食品作为研究对象，将食品冻结中的传热过程分解成食品外包装与空气的对流换热、包装材料和空气层内的传热过程、食品内部传热过程等几部分，分别采用 CFD 方法、实验关联式和有限差分方法进行模拟，最后使用迭代方法进行综合求解。在一实际冻结间中，进行不同包装材料的分割肉冻结实验，对食品冻结过程中不同位置的温度变化进行测试并记录，与模拟结果进行对比以验证模型的准确性。

(2) 使用 CFD 方法模拟不同外部空气参数下的食品表面对流换热系数，并将结果拟合成无因次公式。以同时进行大量食品冻结的冻结间作为研究对象，分别对空库和满载工况进行模拟，分析其空气参数分布及其对食品冻结的影响。计算冻结间内不同位置的食品冻结条件，给出冻结间内冻结较快和较慢的区域，

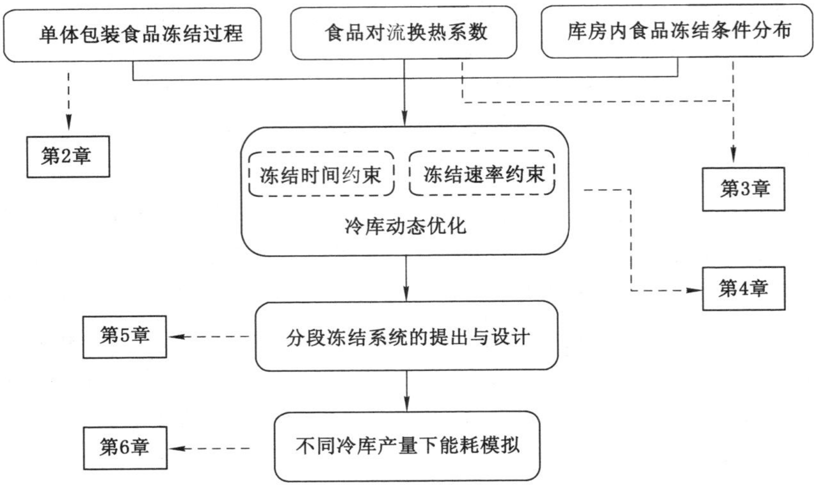

图 1-2 本书主要研究内容的相关性

进一步分析食品周围空气流速和空气温度的影响，以及冻结间不同位置食品的冻结条件和冻结过程的不均匀性。

（3）使用迭代动态规划方法对冷库内食品冻结过程进行优化计算。建立冻结间内食品冻结的动态优化模型，使用制冷系统蒸发温度和冷风机风量作为冻结间内食品冻结过程的控制变量。以食品冻结过程的能耗作为目标函数，同时分别以食品冻结时间和食品冻结速率作为食品冻结工艺要求的约束条件，以罚函数的形式构成复合目标函数。使用迭代动态规划法求解该动态优化问题，分别得到基于食品冻结时间和食品冻结速率的最优运行方式，并与最优传统运行方式进行对比分析。

（4）在基于食品冻结时间和食品冻结速率的最优运行方式的基础上，提出分段冻结系统，阶段性的调整系统蒸发温度和冷风机风量。分别基于食品冻结时间和冻结速率，计算其最优分段运行方式，并进一步提出基于食品冻结速率的分段冻结系统及其在不同允许冻结时间下的运行方式。最后，给出分段冻结系统设计中同时使用系数的计算方法。

（5）对于有多个冻结间的实际冷库，建立库房空气模型和制冷系统模型，对其实际运行中库房内空气温度进行测试，并与模拟结果进行对比。在全年各月不同气象参数和不同冻结食品产量下，分别模拟该冷库在传统运行方式和分段运行方式下的能耗，以验证分段冻结系统的节能效果。

第 2 章　单体食品冻结过程的模拟与验证

2.1 引　　言

在冷库中，通常使用强制空气循环对食品进行降温冻结。在食品内部，导热过程使热量不断向外传递，食品温度下降，同时食品内部的水分不断向表面扩散，以补充食品表面的水分流失。在食品表面，冷空气通过对流传热传质过程与食品进行热质交换。实际中很多食品都包裹在包装材料中，合理的包装能够有效的阻挡食品的水分流失，降低食品的干耗，同时减小外界环境温度对于食品本身的影响。对食品冻结而言，其冻结条件不但包括食品外部的空气温度、流速、紊流强度等空气参数，还包括外部包装材料对冻结过程的影响。

由于食品冻结实验花费大、耗时长，近年来数值模拟在食品冻结研究中得到了越来越多的应用。食品冻结过程的模拟不仅需要对食品内部的传热传质过程进行模拟，还应该对食品外部的冻结条件进行模拟，包括食品周围的空气温湿度、流速、紊流强度等空气参数的计算，以及包装材料和空气层对于食品传热传质过程的影响。

本章分三部分对包装食品的冻结过程进行模拟，分别为食品自身传热过程的模拟、包装材料和空气层内部传热过程的模拟以及对流换热系数的计算，如图 2-1 所示。使用迭代方法将这三部分结合起来，构成包装食品冻结过程模拟的完整模型。在实际冻结间中进行不同包装材料食品的冻结实验，以验证本书提出的模型。

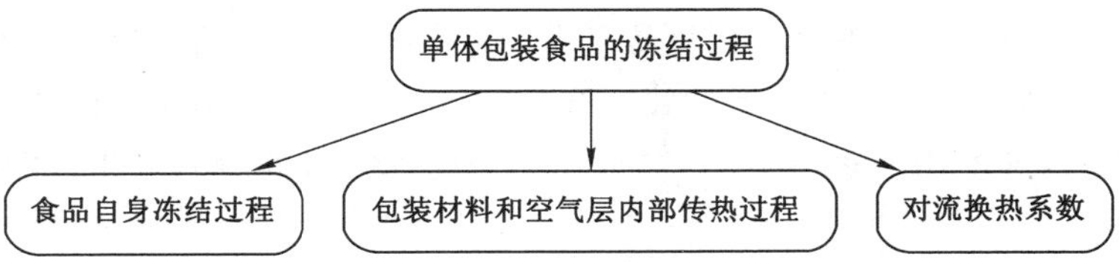

图 2-1　单体包装食品的冻结过程模拟

2.2 冻结过程中食品内部传热

食品冻结过程按照其物理变化的特点可以将整个冻结过程分为三个阶段，按其出现的先后顺序依次为预冷阶段、相变阶段和过冷阶段，食品冻结过程的三个阶段的温度变化趋势如图 2-2 所示。

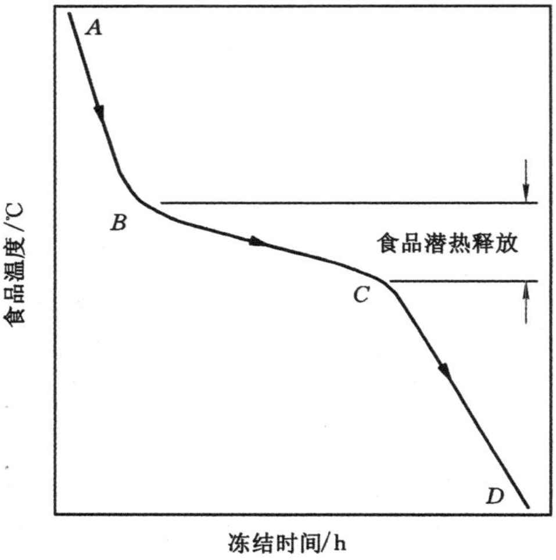

图 2-2　食品冻结过程温度变化

（1）预冷阶段：在食品冻结过程的初始阶段，食品的温度从初始状态 A 点开始下降，食品中的显热被低温介质带走，直到食品的温度降至初始冻结点 B 的温度。在这个阶段，食品释放的热量为显热，食品的温度变化较快，如图 2-2 中的 A 点至 B 点。

（2）相变阶段：初始冻结温度为食品中的水开始发生相变，冻结成冰时的温度，一般比纯水的冻结点低。在初始冻结温度下，食品中的一部分水发生相变，结晶析出，进一步降低了余下食品的初始冻结温度。所以，在冻结过程中，随着相变的进行，食品的初始冻结温度逐渐降低，另外，水分的结晶也让食品的热物理性质在相变过程中发生急剧变化。在相变阶段，食品中的水分不断结晶析出，成为固体，食品放出大量的潜热，但食品的温度变化却很缓慢，如图 2-2 中的 B 至 C 点。

（3）过冷阶段：在相变阶段，食品释放了大部分的潜热，余下的小部分潜热和显热随着食品温度的继续降低，被低温介质带走，直至食品温度达到冻结要求为止。在这个阶段，食品释放的热量绝大部分为食品的显热，所以过冷阶段食品的温度变化趋势与预冷阶段类似，如图 2-2 中的 C 至 D 点。

实际的食品冻结过程是一个复杂的过程，包括几个同时发生的物理现象：传热、传质、晶核形成、冰晶的生长、体积变化和机械受力，大多数食品冻结采用空气作为低温介质，由于食品内部含有水，食品表面的含湿量通常大于空气，这样在食品表面就有水分不断进入空气，同时，在食品内部，深层的水分不断向食品表面扩散，来补充食品表面的失水，食品内部的水分扩散和外部的失水构成了冻结过程中的湿传递。另外，包装材料和食品与包装材料之间空气层也会影响到食品的传热传质过程，对于有严密包装的含水固态食品来说，冻结过程中散失的水分可以忽略不计，可以只考虑冻结过程中的热量交换，不考虑食品与外部的传质。

2.2.1　食品冻结过程物理模型

首先，对冻结过程中食品自身的传热过程进行模拟，取食品的一半厚度 $\delta_m/2$ 作为研究对象，如图 2-3 所示。

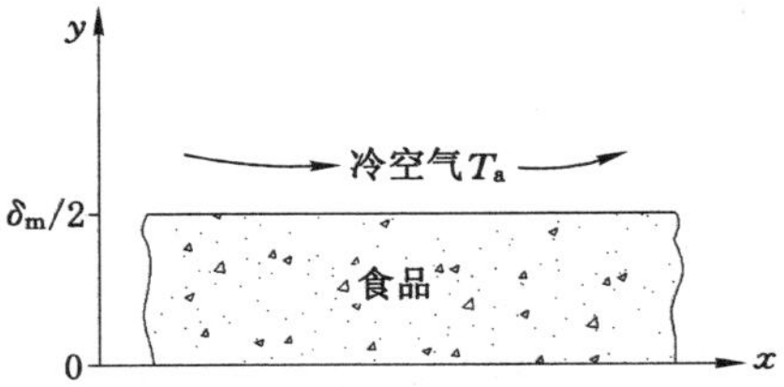

图 2-3　食品冻结的传热过程

过程控制方程及起始条件、边界条件如下式：

$$\begin{cases} \rho_m C_m \dfrac{\partial T_m}{\partial t} = \nabla(k_m \nabla T_m) \quad (0 < y < \delta_m/2, t > 0) \\ T_m(y,0) = T_m^0 \quad (0 \leqslant y \leqslant \delta_m/2) \\ -k_m \dfrac{\partial T_m(y,t)}{\partial y} \Big|_{y=\delta_m/2} = h_a[T_m(\delta_m/2,t) - T_a] \\ \dfrac{\partial T_m(y,t)}{\partial y} \Big|_{y=0} = 0 \end{cases} \tag{2-1}$$

式中　h_a——食品的对流换热系数，W/(m²·℃)；

T_a——食品周围的环境温度，℃；

δ_m——食品的厚度，m；

T_m^0——食品初始温度，℃；

T_m——食品温度，℃；

ρ_m, C_m, k_m——同式(1-3)。

2.2.1.1 可变热导率的处理

食品的热导率在温度下降到冻结点附近会发生突变，在食品内部热流密度 $k(T_{i+1}-T_i)$ 的计算中，热导率的计算使用哪一点的温度值是无法确定的。为了获得更精确的结果，可以使用 Kirchhoff 变换对热导率进行处理[28]：

$$u_m=\int_{T_{REF}}^{T_m}k_m\mathrm{d}T \tag{2-2}$$

或者

$$\mathrm{d}u_m=k_m\mathrm{d}T_m \tag{2-3}$$

式中 u_m——Kirchhoff 变换项；

T_{REF}——参考温度，℃；

k_m、T_m——同式(1-3)。

然后将上式代入式(2-1)的控制方程中，得到：

$$\rho_m C_m\frac{\partial u_m/k_m}{\partial t}=\nabla(\nabla u_m) \tag{2-4}$$

继而推导得到：

$$\frac{\rho_m C_m}{k_m}\frac{\partial u_m}{\partial t}=\nabla^2 u_m \tag{2-5}$$

$\rho_m C_m/k_m$ 为食品本身的物性参数，为 u_m 的函数，这样就把所有的非线性因素集合到一个参数中，然后可以用有限差分、有限体积或者有限元法去求解。

2.2.1.2 潜热处理

使用焓法处理食品冻结的潜热释放[28]，将过程控制方程左侧写成焓值的形式，并使用 Kirchhoff 变换，可以得到以焓法描述食品冻结的传热过程：

$$\begin{cases}\rho_m\dfrac{\partial H_m}{\partial t}=\nabla^2 u_m \quad (0<y<\delta_m/2,t>0)\\ H_m(y,0)=H_m^0 \quad (0\leqslant y\leqslant \delta_m/2)\\ \dfrac{\partial u_m(y,t)}{\partial y}\Big|_{y=\delta_m/2}=h_a[T_m(\delta_m/2,t)-T_a]\\ \dfrac{\partial u_m(y,t)}{\partial y}\Big|_{y=0}=0\\ \mathrm{d}u_m=k_m\mathrm{d}T_m\end{cases} \tag{2-6}$$

式中 H_m^0——食品的初始焓值，J/kg；

H_m——同式(1-6)；

u_m——同式(2-2)；

其他——同式(2-1)。

2.2.2　食品的热物理性质

在食品的冻结和融化过程中，食品中富含的水分发生相变，食品的导热系数也会随相变的发生而产生显著的变化。当食品温度高于初始冻结温度时，食品的导热系数和温度的关系近似为线性，可以写成：

$$k_m = k_f + d(T_m - T_f) \tag{2-7}$$

式中　k_f——食品初始冻结温度 T_f 时的导热系数，W/(m·℃)；

T_f——食品初始冻结温度，℃；

d——系数；

k_m、T_m——同式(1-3)；

当食品温度低于其初始冻结温度时，食品的导热系数 k_m 跟水分中冰的含量直接相关，可以写成如下的公式[84]：

$$k_m = k_f + b(T_m - T_f) + c\left(\frac{1}{T_m} - \frac{1}{T_f}\right) \tag{2-8}$$

式中　b，c——系数；

其他——同式(2-7)。

对于分割肉的冻结，初始冻结温度 T_f 为−1.7 ℃，k_f 为 0.425 W/(m·℃)，b、c 和 d 分别取 -6.71×10^{-3} W/(m²·℃)、0.265 W/m、-13.7×10^{-4} W/(m·℃²)[84]。根据导热系数关联式计算得到的导热系数随温度的变化如图 2-4(a)所示。

当食品温度高于其初始冻结温度 T_f 时，食品的体积焓值计算如下式：

$$H_{mv} = H_{fv} + C_1(T_m - T_f) \tag{2-9}$$

式中　H_{mv}——食品的体积焓值，J/m³；

C_1——食品温度高于初始冻结点时的体积比热，J/(m³·℃)；

H_{fv}——食品温度等于 T_f 的体积焓值，J/m³。

当食品温度低于其初始冻结温度 T_f 时，食品的体积焓值计算如下式[25]：

$$H_{mv} = a + bT_m + \frac{c}{T_m} \tag{2-10}$$

a、b、c 分别通过下式计算：

$$c = \frac{H_{fv} - C_s(T_f - T_{base})}{\dfrac{T_f - T_{base}}{T_{base}^2} + (1/T_f - 1/T_{base})} \tag{2-11}$$

$$b = \frac{H_{fv} - c/T_f + c/T_{base}}{(T_f - T_{base})} \tag{2-12}$$

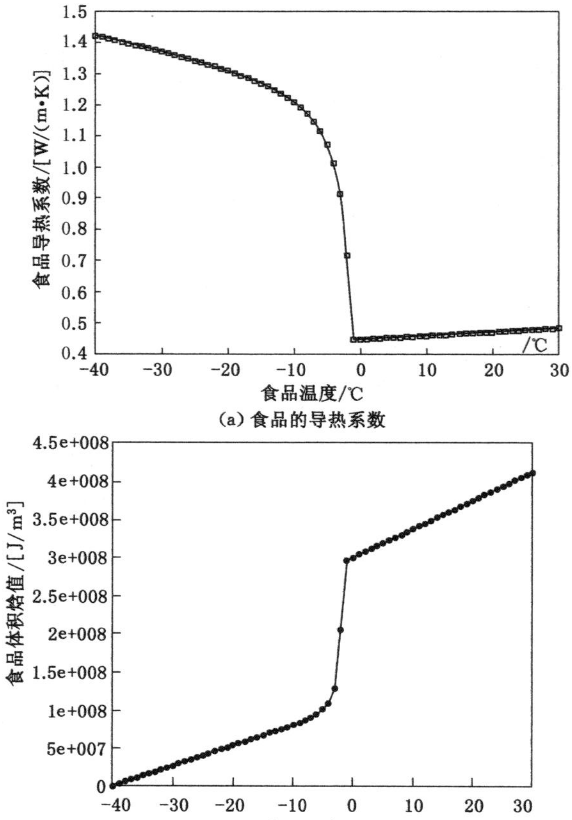

图 2-4　食品物理性质随温度变化

$$a=-bT_{\text{base}}-c/T_{\text{base}} \tag{2-13}$$

式中　C_s——食品温度低于初始冻结点时的体积比热，J/(m³ · ℃)；

T_{base}——食品焓值计算的基准温度，取－40 ℃。

对于分割肉，其体积焓值与温度关系如图 2-4(b)所示，可以看到食品焓值在食品初始冻结点附近发生突变，在很小的温度范围内食品焓值出现明显下降。

2.2.3　控制方程的离散和求解

以冻结食品自身的传热过程作为研究对象，忽略外部包装的影响，冻结食品为分割肉，分割肉的尺寸为 275 mm×350 mm×70 mm，不考虑食品与外部空气之间的湿传递。使用强制空气循环方式对食品进行冻结，由于分割肉的长度和宽度远大于其厚度，在模拟中忽略长度和宽度方向的传热影响，只考虑厚度方向的传热过程,问题简化成为一维问题。由于食品上下表面传热边界条件相同,取一半厚度食品作为模拟对象,沿厚度方向将一半厚度 35 mm 的食品离散成 7 份,长度步长 Δx 为 5 mm,一共 8 个节点($n=0,1,2,3...7$),对每个节点写出离散方程[43]。

(1) 内部节点 i:

$$H'_i - H_i = \frac{\Delta t}{\Delta x^2} \cdot U_{i+1} + \frac{\Delta t}{\Delta x^2} \cdot U_{i-1} - \frac{2\Delta t}{\Delta x^2} \cdot U_i \tag{2-14}$$

(2) 中心节点 0:

$$H'_0 - H_0 = \frac{2\Delta t}{\Delta x^2} \cdot U_1 - \frac{2\Delta t}{\Delta x^2} \cdot U_0 \tag{2-15}$$

(3) 边界节点 7:

$$H'_8 - H_8 = \frac{2\Delta t}{\Delta x^2} \cdot U_7 - \frac{2\Delta t}{\Delta x^2} \cdot U_8 - \frac{2\Delta t}{\Delta x} \cdot h_a \cdot (T_8 - T_a) \tag{2-16}$$

式中 H_i——t 时刻食品节点 i 的体积焓值,J/m³;

H'_i——$t+\Delta t$ 时刻食品节点 i 的体积焓值,J/m³;

U_i——Kirchhoff 变换项;

Δt——时间步长,s;

Δx——长度步长,m。

对通过上述离散方程可以求出每个节点的焓值变化,继而得到有效比热容,代入公式中,采用隐式方法对公式进行离散,建立离散方程组,利用高斯-塞德尔迭代方法求解,得到每个节点的新的温度值,最后进行修正,得到最终的温度值。

2.2.4 模拟结果

在食品冻结中,食品的外部条件以及对流换热系数均需要根据实验或模拟方法得到。在食品自身冻结过程的模拟中,给定食品外部空气温度和对流换热系数。当食品外部空气温度 T_a 为 −30 ℃,对流换热系数 h_a 为 20 W/(m²·℃)时,对上述分割肉的冻结过程进行模拟。食品的进库温度为 30 ℃,待热中心温度达到 −15 ℃时出库,冻结完成,模拟的时间步长为 10 s。模拟结果如图 2-5 所示。可以看到在食品冻结初期表面温度下降速度较快,随后下降速度减小,这与食品冻结过程中的负荷变化趋势相符。食品热中心的温度变化趋势与图 2-2 相同,分为三个阶段,分别为预冷、相变和过冷阶段,预冷和过冷阶段温度变化较快,相变阶段温度变化幅度较小,但持续时间较长。

在食品的冷冻工艺中,当食品的热中心温度达到 −15 ℃,即认为冻结完成,定义食品热中心温度从 30 ℃降低到 −15 ℃的所消耗的时间为食品的冻结时间 τ_f。以食品外部空气温度和对流换热系数作为食品的冻结条件,改变空气温度以及食品对流换热系数，使用国际制冷学会推荐的公式计算食品的冻结速率，计算不同冻结条件下食品的冻结时间以及冻结速率。结果如图 2-6 所示。计算结果表明，食品的冻结时间随着外部空气温度的升高而增加，随着对流换热系数的增大而减小；食品的冻结速率随着对流换热系数的增大而增大，而且当空气温度越低时，增加对流换热系数对冻结速率的提升效果越明显。

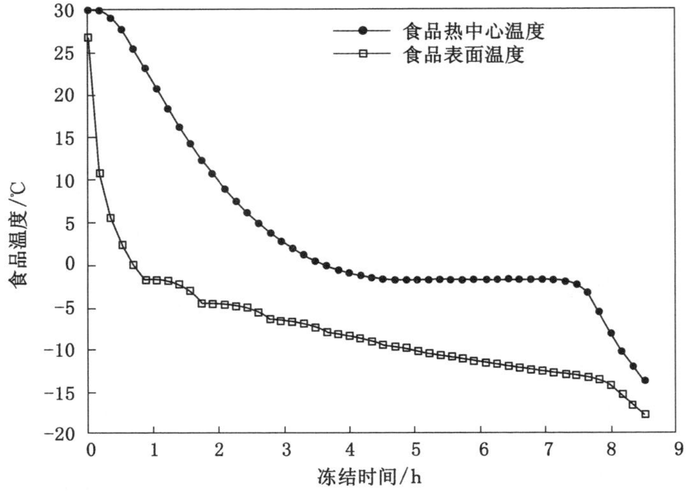

图 2-5　食品冻结过程温度变化

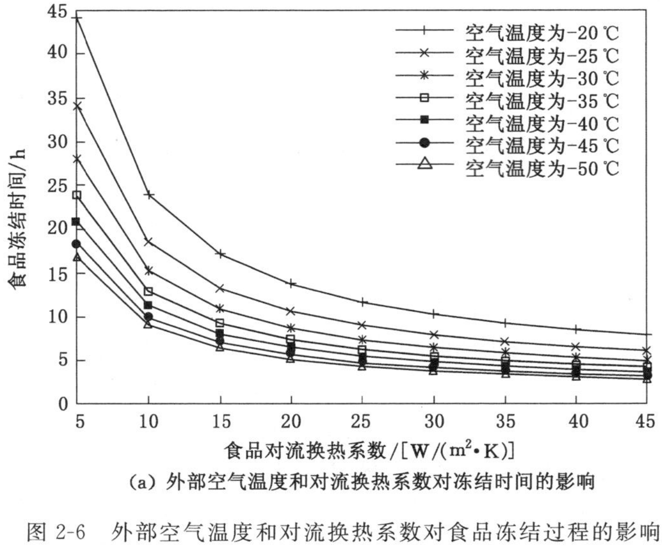

图 2-6　外部空气温度和对流换热系数对食品冻结过程的影响

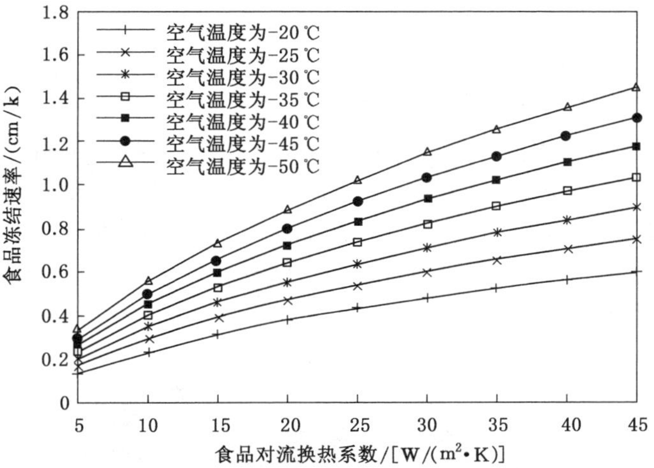

(b) 外部空气温度和对流换热系数对冻结速率的影响

图 2-6(续)

2.3　食品与包装材料间的空气层内的传热

实际中很多食品都包裹在包装材料中，包装能够有效地阻挡食品的水分流失，降低食品的干耗，同时减小外界环境温度波动对于食品温度的影响。对于食品自身而言，食品的冻结条件不但包括食品外部的空气参数，还应该包括包装材料的影响。以冻结分割肉为例，食品表面包裹有一层聚乙烯薄膜，然后放入纸盒或铁盒冻结，而考虑食品冻结过程中的体积膨胀，在食品和外层包装之间往往留有一定空隙，如图 2-7 所示，从外到内依次为冷空气、包装材料、空气层和食品。

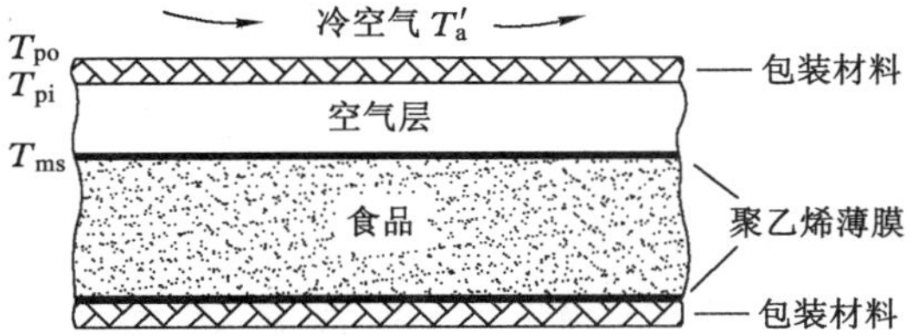

图 2-7　食品空气层结构图

由于外包装的阻隔作用，食品向外界空气的水分传递往往可以忽略不计。对于包装材料与食品之间的空气层，很多学者使用空气导热系数计算其热阻[85]，将其模拟成单纯的导热过程。用这种方法计算得到的热阻会有很大的误差，因为在这种封闭空间内往往会发生自然对流，同时食品与包装之间的辐射换热也不能忽略。

2.3.1 空气层内的自然对流过程

在外包装的内表面和食品的外表面之间存在空气层，由于两个表面的温度不同，在空气层内会发生传热过程，属于有限空间自然对流传热过程。水平封闭空间内的传热过程如图 2-8 所示[86]。水平封闭空间内的传热过程包括两种情况，当空气层上表面的温度高于下表面时，低密度的流体位于高密度的流体之上，不会有自然对流发生，传热过程主要为空气的导热；当空气层下表面温度高于上表面时，会有自然对流发生。

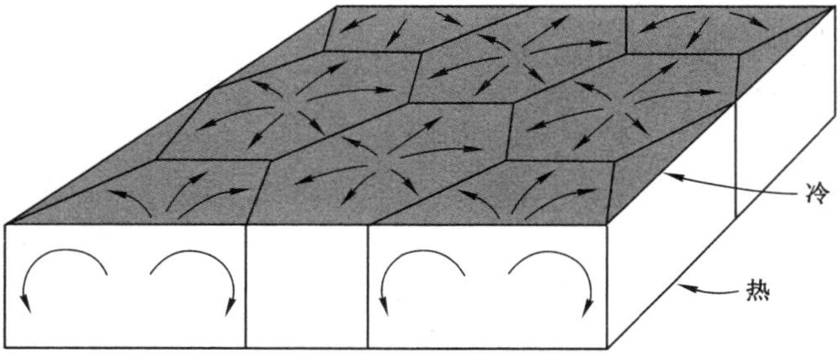

图 2-8 水平封闭空间内传热过程

空气层内空气的流动主要取决于以空气层厚度 δ 为特征长度的 Gr_δ 数：

$$Gr_\delta = \frac{g\beta\Delta T_a\delta^3}{\nu_a^2} \tag{2-17}$$

式中 Gr_δ——格拉晓夫数；

g——重力加速度，m/s^2；

β——体积膨胀系数，1/℃；

ΔT_a——空气层上下表面的温差，℃；

δ——空气层厚度，m；

ν_a——运动黏滞系数，m^2/s。

当 Gr_δ 很小的时候，传热过程主要为导热，随着 Gr_δ 的增大，会依次出现向层流特征过渡的环流、层流特征的流动和紊流特征的流动。另外，在空气层内的自然对流换热还与几何参数 L_a/δ 有关，其通用关联式为[86]：

$$Nu_\delta = C(Gr_\delta Pr)^n\left(\frac{L_a}{\delta}\right)^m \tag{2-18}$$

式中 Nu_δ——努谢尔特数；

Pr——普朗特数；

L_a——空气层的长度，m。

空气层的定性温度为$(T_{ms}+T_{pi})/2$，Nu_δ 数中的特征长度为 δ。公式中系数 C、n、m 如表 2-1 所示[86]。

表 2-1　封闭空间内自然对流经验公式中的系数

形状	$Gr_\delta Pr$	Pr	C	n	m
水平平板	<1 700	$k_{eff}=k_a$	—	—	—
	1 700—7 000	0.5—2	0.059	0.4	0
	7 000—3.2×10^5	0.5—2	0.212	1/4	0
	>3.2×10^5	0.5—2	0.061	1/3	0

热流可以用下式计算：

$$q_{conv}=Nu_\delta\frac{k_a}{\delta}(T_{ms}-T_{pi}) \tag{2-19}$$

式中　q_{conv}——空气层自然对流热流密度，W/m²；

k_a——空气的导热系数，W/(m·℃)；

T_{ms}——空气层下表面的温度，即食品外表面的温度，℃；

T_{pi}——空气层上表面的温度，即包装材料内表面温度，℃。

结果可以表示成有效导热系数的形式：

$$q_{conv}=k_{eff}\frac{T_{ms}-T_{pi}}{\delta} \tag{2-20}$$

式中　k_{eff}——考虑自然对流情况下空气层的有效导热系数，W/(m·℃)；

其他——同式(2-19)。

对比式(2-18)和式(2-19)，可知 $k_{eff}=Nu_\delta\cdot k_a$，则：

$$Nu_\delta=\frac{k_{eff}}{k_a} \tag{2-21}$$

由此可得：

$$k_{eff}=k_aC(Gr_\delta Pr)^n\left(\frac{L_a}{\delta}\right)^m \tag{2-22}$$

则考虑空气层内自然对流情况下有效热阻为：

$$R_{conv}=\delta/k_{eff} \tag{2-23}$$

式中　R_{conv}——空气层自然对流换热热阻，m²·℃/W。

2.3.2　空气层内的辐射换热过程

在封闭空间空气层的换热过程中，辐射换热也是一个很重要的影响因素，因为空气层内自然对流热流密度一般较小，不能忽视辐射换热的影响。空气层上下表面可以近似看作两个平行的平板，辐射换热可以用下式表示：

$$q_{\mathrm{rad}}=\frac{\sigma(T_{\mathrm{ms}}^4-T_{pi}^4)}{1/\epsilon_{\mathrm{ms}}+1/\epsilon_{\mathrm{pi}}-1} \tag{2-24}$$

式中 σ——黑体辐射常数，5.67×10^{-8} W/(m² · K⁴)；

ϵ_{pi}，ϵ_{ms}——空气层上下表面的发射率；

q_{rad}——辐射换热热流密度，W/m²。

空气层辐射换热热阻为：

$$R_{\mathrm{rad}}=\frac{T_{\mathrm{ms}}-T_{\mathrm{pi}}}{q_{\mathrm{rad}}}=\frac{T_{\mathrm{ms}}-T_{\mathrm{pi}}}{\sigma(T_{\mathrm{ms}}^4-T_{\mathrm{pi}}^4)}\left(\frac{1}{\epsilon_{\mathrm{ms}}}+\frac{1}{\epsilon_{pi}}-1\right) \tag{2-25}$$

式中 R_{rad}——空气层辐射换热热阻，m² · ℃/W。

综合考虑自然对流和辐射换热，得到空气层换热过程有效热阻 R_{eff} 为[86]：

$$R_{\mathrm{eff}}=\frac{1}{1/R_{\mathrm{rad}}+1/R_{\mathrm{conv}}} \tag{2-26}$$

式中 R_{eff}——考虑空气层自然对流和辐射换热有效热阻，m² · ℃/W。

2.3.3 空气层内传热过程

在带包装的食品的冻结过程中，外部冷空气与包装材料之间、包装材料内部以及空气层内部的 3 种传热过程如下：

冷空气和包装材料的外表面之间的对流换热 q_1 用下式表示：

$$q_1=h_{\mathrm{a}}(T_{\mathrm{po}}-T_{\mathrm{a}}) \tag{2-27}$$

式中 h_{a}——包装层外表面与空气之间的对流换热系数，W/(m² · ℃)；

T_{po}——包装层外表面温度，℃；

T_{a}——空气温度，℃。

包装材料的内外表面之间的导热换热 q_2 用下式表示：

$$q_2=\frac{k_{\mathrm{p}}}{\delta_{\mathrm{p}}}(T_{\mathrm{pi}}-T_{\mathrm{po}}) \tag{2-28}$$

式中 k_{p}——包装材料的导热系数，W/(m · ℃)；

δ_{p}——包装材料的厚度，m；

T_{pi}——包装层内表面温度，℃。

包装材料的内表面和食品外表面之间为空气层，以自然对流和辐射形式换热，其换热量 q_3 用下式表示：

$$q_3=\frac{T_{\mathrm{ms}}-T_{\mathrm{pi}}}{R_{\mathrm{eff}}} \tag{2-29}$$

将式(2-23)、(2-25)、(2-26)和(2-29)联立并整理得到：

$$q_3=\frac{\sigma(T_{ms}^4-T_{pi}^4)}{1/\epsilon_{ms}+1/\epsilon_{pi}-1}+\frac{Cg^n\beta^n\delta^{3n-m-1}\mu_a{}^nC_a^nL_a^m(T_{ms}-T_{pi})^{n+1}}{\nu_a{}^{2n}k_a^{n-1}} \tag{2-30}$$

式中　C_a——空气的等压比热，J/(kg·℃)；

μ_a——空气的动力黏滞系数，$N\cdot s/m^2$。

由于冷库内空气温度变化较为缓慢，可以假设食品和冻结间空气之间的换热过程为稳态过程。另外，和食品本身相比，包装材料和空气层由于温度变化而吸收或放出的热量可以忽略不计，可以得到[87]：

$$q_1=q_2=q_3 \tag{2-31}$$

由 $q_1=q_2$ 得到：

$$h_a(T_{po}-T_a)=\frac{k_p}{\delta_p}(T_{pi}-T_{po}) \tag{2-32}$$

整理成：

$$T_{po}=\frac{k_pT_{pi}/\delta_p+h_aT_a}{h_a+k_p/\delta_p} \tag{2-33}$$

由 $q_1=q_3$ 得到：

$$h_a(T_{po}-T_a)=\frac{\sigma(T_{ms}^4-T_{pi}^4)}{1/\epsilon_{ms}+1/\epsilon_{pi}-1}+\frac{Cg^n\beta^n\delta^{3n-m-1}\mu_a^nC_a^nL_a^m(T_{ms}-T_{pi})^{n+1}}{\nu_a^{2n}k_a^{n-1}} \tag{2-34}$$

将式(2-33)代入式(2-34)，并整理得到：

$$\frac{h_ak_p(T_{pi}-T_a)}{h_a\delta_p+k_p}=\frac{\sigma(T_{ms}^4-T_{pi}^4)}{1/\epsilon_{ms}+1/\epsilon_{pi}-1}+\frac{Cg^n\beta^n\delta^{3n-m-1}\mu_a^nC_a^nL_a^m(T_{ms}-T_{pi})^{n+1}}{\nu_a{}^{2n}k_a^{n-1}} \tag{2-35}$$

分别令 $A'=h_ak_p/(h_a\delta_p+k_p)$，$B'=\sigma/(1/\epsilon_{ms}+1/\epsilon_{pi}-1)$，$C'=Cg^n\delta^{3n-m-1}L_a^m$，则 A'、B' 和 C' 的数值取决于食品及包装材料的物性参数和几何参数，对于特定的食品及包装材料，都是定值。而 ρ_a、β、C_a、μ_a、ν_a 和 k_a 等空气层内空气参数都与空气温度有关，都可以写成空气参数的函数。空气层的定性温度取为上下两表面的平均温度，即包装材料内表面温度 T_{pi} 和食品表面温度 T_{ms} 的平均值 $(T_{ms}+T_{pi})/2$。式(2-35)可以写成：

$$A'(T_{pi}-T_a)=B'(T_{ms}^4-T_{pi}^4)+C'f\left(\frac{T_{pi}+T_{ms}}{2}\right)(T_{ms}-T_{pi})^{n+1} \tag{2-36}$$

上式是一个非线性方程，在已知冻结间内空气温度和食品表面温度的情况下，可以使用最小二乘法来求解得到 T_{pi}，进而计算得到 T_{po} 以及空气层的热阻。假设一个食品表面温度值 T_{ms}，通过求解上述非线性方程得到包装材料内表面温度 T_{pi}，进而计算得到包装材料外表面温度 T_{po} 和空气层的热阻，代入到食品的传热过程模拟中，计算得到食品内部的温度分布和一个新的食品表面温度值 T_{ms}^{new}，反复进行数次迭代，直到 T_{ms} 和 T_{ms}^{new} 之间的误差满足要求。

在库房冷空气温度和对流换热系数已知的情况下，进行模拟计算，计算流程图如图 2-9 所示。在空气层存在的情况下，食品上下表面冻结过程边界条件不一致，食品上下部分冻结过程不同，在模拟中需要在整个食品厚度上进行离散求解。

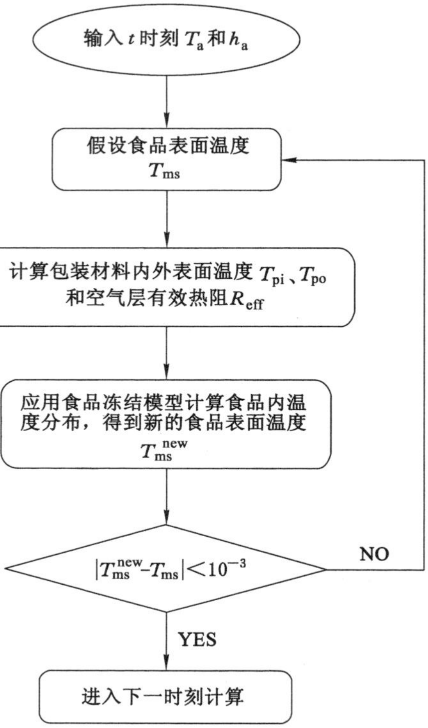

图 2-9　食品模拟计算流程图

2.4　带包装食品与库房冷空气之间的对流换热

带包装的食品与库房冷空气之间的对流换热可以通过牛顿冷却公式进行计算，然而，在实际工业生产中食品的形状及摆放形式复杂多样，食品所处空气流场环境往往非常复杂，在这种情况下，使用传统解析法无法确定食品与库房冷空气之间的对流换热系数 h_a，需要通过实验方法或者数值模拟进行计算。往往可以将不同形状、不同摆放位置的食品在一定空气流动参数下的对流换热系数拟合成无因次关联式，学者们通过实验或数值模拟已经得到了大量的此类关联式，可以直接用于食品对流换热系数的计算[8]。但是在实际工业生产中，冻结食品的形状各异，低温介质的参数分布也是异常复杂，上述实验条件下得到通用关联式往往并不适用于实际情况。本节的研究对象为带有外包装的食品，忽略食品与空气之间的湿传递，使用数值模拟计算食品的冻结条件，即通过模拟计算给出对流换热系数 h_a。

使用 CFD 方法模拟冻结间内的空气参数分布。假设食品的对流换热系数在整个冻结过程中保持不变。一般来说，当考虑自然对流的时候，食品的对流换热系数会随着空气流场变化而发生改变。当空气流速大于 0.5 m/s 时，自然对流的影响就可以忽略不计[44]，在冻结期间，为了保证冻结质量，一般要求掠过食品表面的风速达到 1 m/s～2 m/s 以上，所以在模拟中忽略自然对流的影响，认为食品对流换热系数在整个冻结过程中保持不变。

在以上假设的基础上，对冻结间内的空气流动进行稳态模拟，固定食品表面温度，模拟空气与食品之间的传热以及空气参数分布。为了准确模拟食品表面的传热，使用加强型壁方法处理食品表面区域。在远离食品表面的主流区，使用 k-ε 模型，而在近壁的黏度影响区域，使用 Wolfshtein 的一方程模型[88]。食品表面需要构建细密的网格，使输运方程能够一直求解到层流底层。将冻结间内冷风机的送风口取速度入口，回风口取自由出流边界条件。食品、围护结构和冷风机的壁面取第一类边界条件，速度取为无滑移条件，即壁面上各个速度分量为零。在得到的冻结间内空气参数分布中，取食品表面近壁区域的空气温度梯度计算食品表面的局部热流，使用该热流以及食品表面与主流空气的温差，可以根据牛顿冷却公式计算得到食品的局部对流换热系数。对不同位置的局部对流换热系数进行积分处理以计算单体食品的平均对流换热系数，详细的计算过程在 3.2 节中阐述。

2.5　带包装食品的冻结过程的模拟与实验验证

为了验证上述模型的准确性，进行不同包装材料的食品冻结实验，在实际冻结间中分别冻结带有纸盒包装和铁盒包装的食品，测量冻结过程中食品及包装各部位的参数变化，将实验结果与模拟结果进行对比。

2.5.1　实验冻结间的几何参数

在一实际的小型冻结间中进行食品冻结实验，该冻结间使用蒸汽压缩式制冷系统来供冷。制冷剂使用 R22，采用活塞式压缩机和蒸发式冷凝器。冻结间内使用冷风机强制空气循环进行冻结，冷风机型号为 DJ-14.3/85，外形尺寸为

2 730 mm×560 mm×740 mm，风机出口直径 Ø500 mm，风量为 6 000×3 m^3/h。在冻结过程中，冷风机和蒸发式冷凝器始终开启，冻结间内空气温度采用双位控制，温度的上下限分别为－19 ℃和－24 ℃，即当冻结间内空气温度上升到－19 ℃时，打开供液阀和压缩机，开始制冷，当冻结间内空气温度下降到－24 ℃时，关闭供液阀和压缩机，停止制冷。该冻结间是装配库，整个库体置于地下，是一个大型冷库的一部分，冻结间的尺寸以及冷风机和食品的位置如图 2-10 和图 2-11 所示。

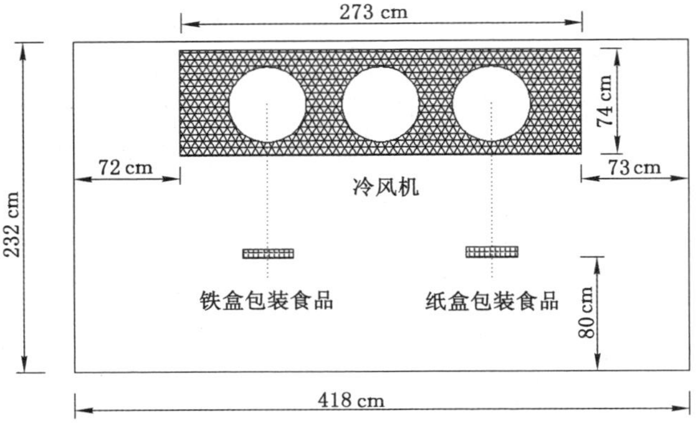

图 2-10　冻结间正视图

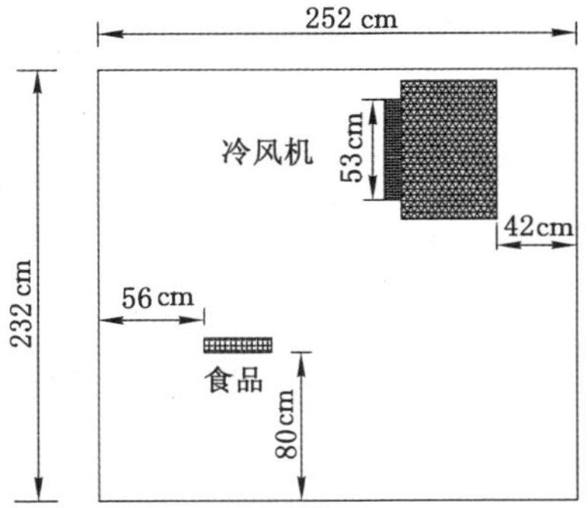

图 2-11　冻结间侧视图

将食品置于冻结间的流场环境中，冷风机在冻结过程中保持运行，使用温湿度记录仪(衡欣 AZ8829)，其测量范围为－40～85 ℃，精度为±0.6 ℃，每隔 5 分钟记录一次冻结间内空气温度，测量结果如图 2-12 所示。

在冻结过程中，冷风机保持工频运行，使用热线式风速仪测得冷风机出口风速为 7.89 m/s，使用 CFD 方法模拟得到铁盒包装食品和纸盒包装食品与空气之间的对流换热系数分别为 11.34 W/(m^2 · ℃)和 22.12 W/(m^2 · ℃)。

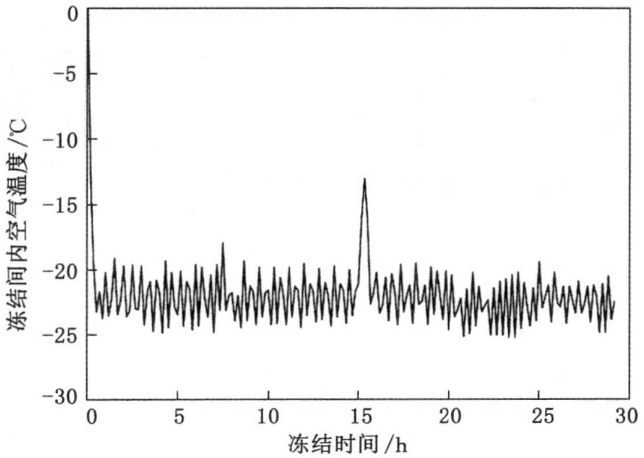

图 2-12　冻结过程冻结间内空气温湿度变化

2.5.2　冻结食品参数与测点分布

实验对象为带包装的分割肉，在分割肉的加工过程中剔除肉中的骨头，减小了冻结过程中需要冻结的食品质量和体积，另外，分割肉在运输时也具有一定的优势。实验中分割肉的外包装分别为长方体形状的纸盒和圆柱体形状的铁盒，分割肉表面均覆盖有一层聚乙烯薄膜。分割肉底部直接接触包装材料，顶部以及四周与包装材料之间留有一定的空隙，以容纳分割肉冻结过程中的体积膨胀。纸盒外表面有一层防水薄膜，分割肉及外包装的参数见表 2-2。

表 2-2　纸盒和铁盒包装食品的参数

	分割肉尺寸/mm^3	包装外尺寸/mm^3	包装材料厚度/mm	空气层厚度/mm
纸盒包装食品	275×350×70	279×354×100	5	20
铁盒包装食品	Ø335×40	Ø340×62	1	20

使用具有外接探头的温湿度记录仪来测量冻结过程中分割肉以及包装各部位的温度变化。测点的布置如图 2-13 所示，分别布置在分割肉中心、表面以及顶部空气层，每隔 5 min 记录一次分割肉内部及空气层的温度。

2.5.3　食品冻结过程模拟

在上述实验条件下，在整个食品厚度上进行离散求解，使用本章提出的数学模型模拟食品的冻结过程，即用自然对流和辐射换热模拟空气层内传热过程，空

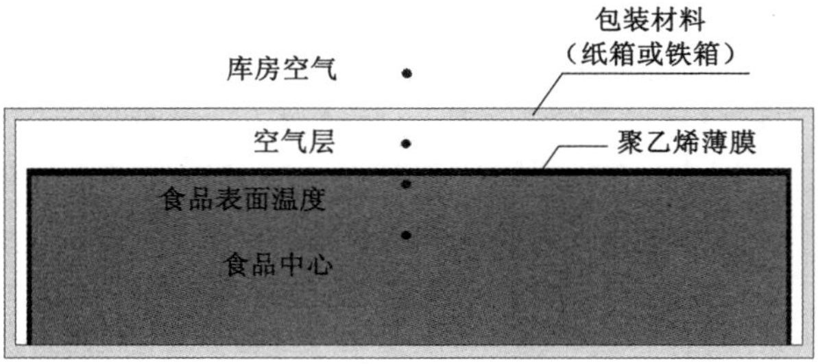

图 2-13　带包装分割肉内部结构及测点布置示意图

气层的热阻 R_{eff} 计算如式(2-26)所示。

另外，使用传统处理方式对带包装食品的冻结过程进行模拟，以比较分析。当忽略空气层的热阻时：

$$R_{\text{eff}}=0 \tag{2-37}$$

当使用导热处理空气层内传热过程时：

$$R_{\text{eff}}=\frac{\delta}{k_a} \tag{2-38}$$

2.5.4　结果与讨论

图 2-14 是纸盒包装的分割肉在冻结过程中的温度变化情况。通过食品中心和上表面的温度对比，可以看到模型预测结果与实验数据吻合较好。食品上下表面的降温曲线有很大的差异，由于食品上表面与包装材料之间存在空气层，导致食品下表面的温度下降要比上表面快得多，空气层的存在增加了食品外包装的热阻，在起到一定保护作用的同时，也减小了食品的降温速度。

图 2-15 为忽略空气层和以导热方式处理空气层内传热时的纸盒包装食品冻结的模拟结果。当忽略空气层的影响时，由于没有考虑空气层的热阻，使食品的中心温度下降过快，与实验结果有较大误差，如果进一步忽略包装材料的热阻，模拟结果的准确度会进一步下降；当使用导热来处理空气层传热时，由于空气的导热热阻远远大于实际中空气层发生的自然对流和辐射换热，使预测结果降温过慢，甚至不能在规定时间内完成冻结。

图 2-16 为纸盒包装食品在冻结过程中包装材料的温度变化情况。从图中可看到，模拟结果与实验数据较为一致。由于冻结间内空气温度的控制策略的影响，冻结间内的空气温度不断在上下限之间波动。这种波动在向食品内部深入的过程中，逐渐减弱。包装材料内外表面的温度仍然有很大的波动，空气层温度的波动已经很小，而食品内部的各点的温度几乎看不到任何温度的波动，可见包装的存在确实能够对食品本身起到一定的保护作用，能够减小外部环境的温

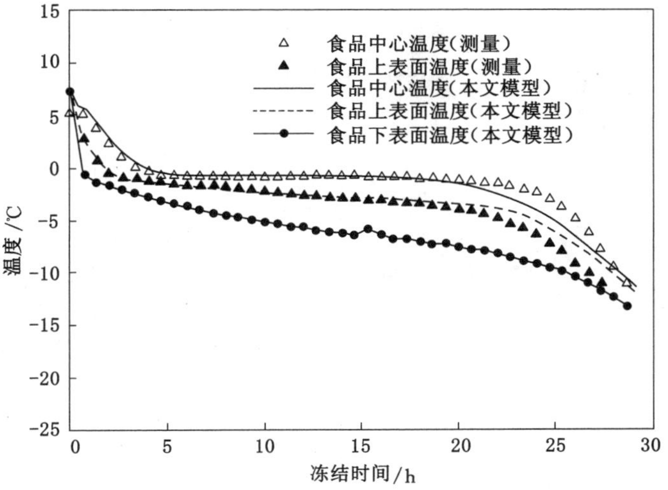

图 2-14　纸盒包装食品冻结过程中食品的温度变化

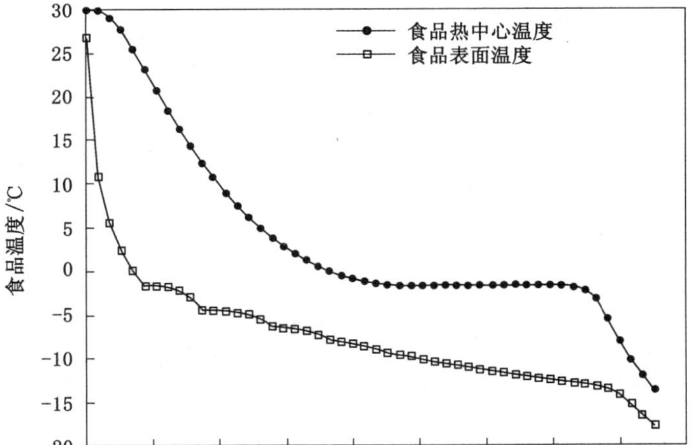

图 2-15　忽略空气层和以导热方式处理空气层内传热时的纸盒包装食品冻结过程

度波动对于食品本身的影响。

图 2-17 是铁盒包装的分割肉在冻结过程中的温度变化情况，由于铁盒包装的食品厚度仅有纸盒内食品的一半，其几何形状更加趋于无限大平板，模拟中所做的假设对模拟精度影响更小，铁盒模拟结果要比纸盒模拟结果有着更高的准确度。从图中可以看到，铁盒包装食品的降温过程要比纸盒快得多，与纸盒食品

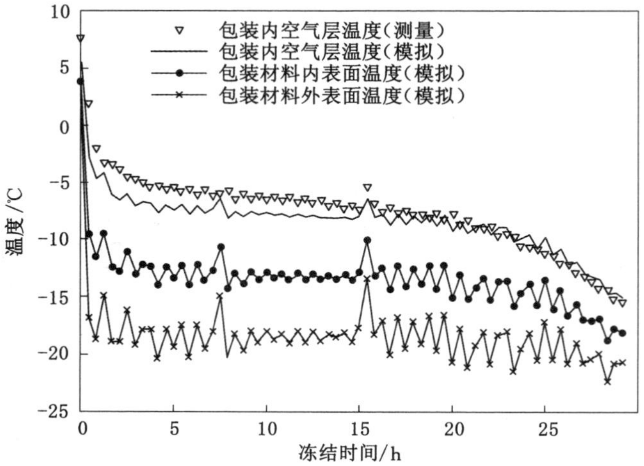

图 2-16　纸盒包装与空气层在冻结过程中的温度变化

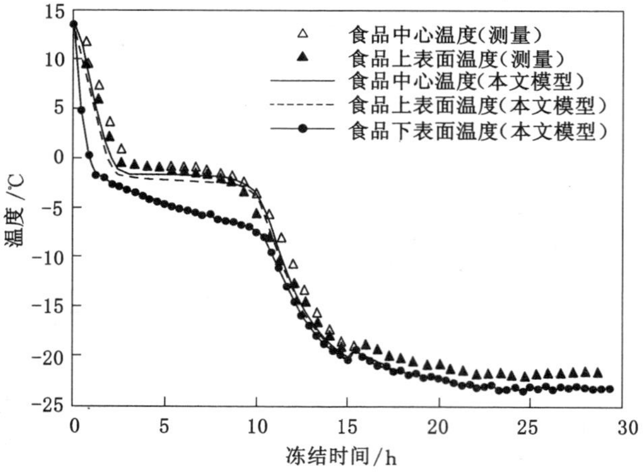

图 2-17　铁盒包装食品冻结过程中食品的温度变化

的冻结过程类似,食品上下表面的温度存在差异,由于空气层的存在,下表面的降温过程要比上表面快得多,食品中心位置与上表面之间的温差很小。

图 2-18 为忽略空气层和以导热方式处理空气层内传热时的铁盒包装食品冻结的模拟结果。当忽略空气层热阻或者以导热来处理空气层传热时,模拟结果与实验结果都有较大的误差。可见本书提出的模型能够更加准确的模拟带有包装的食品的冻结过程。

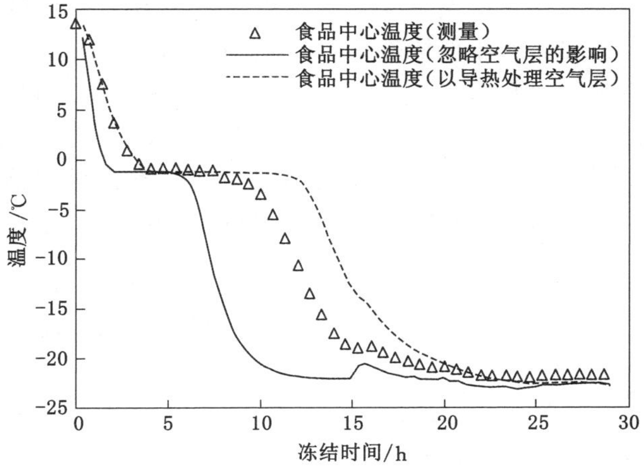

图 2-18 忽略空气层和以导热方式处理空气层内传热时的铁盒包装食品冻结过程

铁盒包装食品的内部温度波动情况与纸盒类似,如图 2-19 所示。从图中可以看到,模型预测结果与测量结果误差很小。在铁盒包装食品的冻结过程中,从外向内,温度的波动幅度越来越小,可见包装的存在减缓了外部环境波动对冻结过程的影响。而由于铁盒材料本身的导热系数很大,热阻很小,在铁盒包装材料的内外表面的温差很小,铁盒包装食品冻结过程中食品外部的热阻主要为对流换热热阻和空气层的热阻。

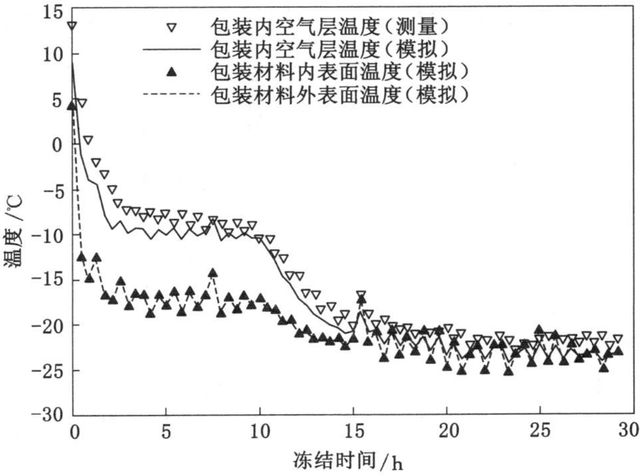

图 2-19 铁盒包装与空气层在冻结过程中的温度变化

冻结过程中纸盒包装的热阻变化情况如图 2-20 所示。假设包装材料本身的热力学性质在冻结过程中保持不变。在食品底层，仅存在包装材料本身，而在食品顶层，除了包装材料外，还存在一层空气层。从图 2-20 中可以看到，食品底层的热阻在冻结过程中保持不变，而在食品的顶层中，空气层的热阻与包装材料本身的热阻比较接近，使食品顶层总的热阻达到底层热阻的两倍以上。随着冻结过程的进行，空气层的热阻缓慢增大，增大的幅度不大。

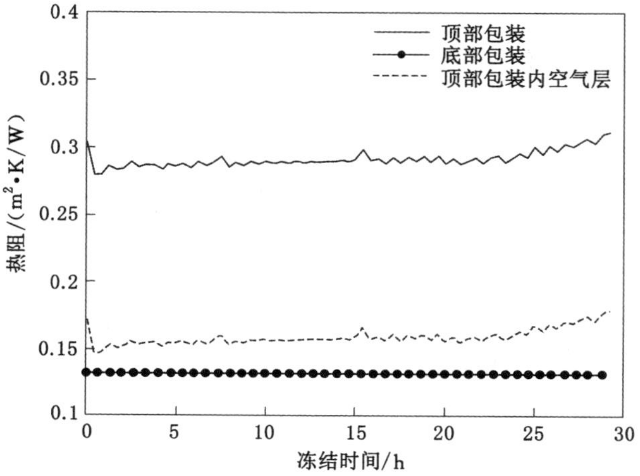

图 2-20　纸盒包装食品冻结过程热阻变化

图 2-21 是铁盒包装热阻变化趋势图，同纸盒一样，假设铁盒材料本身的热

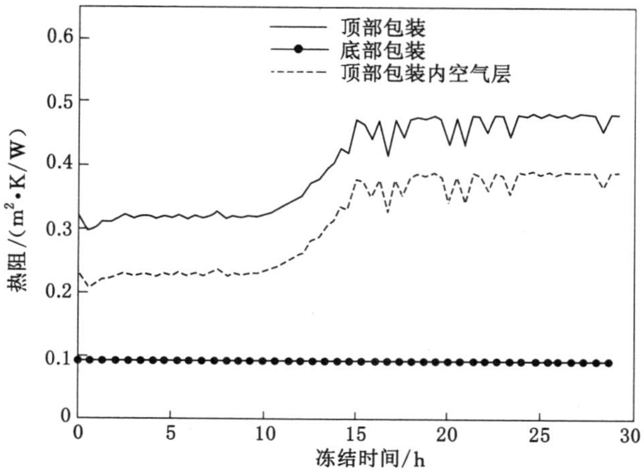

图 2-21　铁盒包装食品冻结过程热阻变化

阻不变。从图中可以看到，空气层的热阻远远大于包装材料本身的热阻，使食品顶层的热阻远远大于食品底层，造成食品内部不同位置冻结过程的差异。另外，空气层的热阻在冻结前期迅速增大，而当食品冻结完成后，食品本身的温度趋于稳定，空气层的热阻也趋于稳定。空气层热阻的变化跟食品温度的变化具有相反的趋势，同时空气层热阻还受到外界空气的温度波动的影响，使其在冻结过程中不断变化。

2.6　本章小结

对冻结间内食品冻结进行节能优化首先需要对食品冻结过程进行研究。食品冻结过程受到食品种类、包装材料、几何形状、外部空气参数等多个因素的影响。本章首先对冻结过程中食品自身的传热过程进行模拟，将食品外包装的影响计入食品的冻结条件，使用准焓法对冻结过程中食品内部的传热过程进行模拟，同时使用 Kirchhoff 变换处理食品导热系数在冻结点附近的突变，分析了食品外部空气温度和对流换热系数对于食品冻结时间和冻结速率的影响。对于食品的冻结条件，使用 CFD 方法模拟计算食品冻结过程中外部的空气温度和对流换热系数。然后，在食品冻结过程模拟中引入外包装的影响，对于食品自身与外包装之间的空气层，以自然对流和辐射换热模拟其内部传热过程。最后，使用迭代方法将上述各部分的模拟结合起来，构成模拟带有外包装的食品冻结过程的模型。

在实际冻结间中进行不同包装材料食品的冻结实验，以验证模型的准确性。使用本章提出的模拟对于纸盒包装和铁盒包装在实验条件下的冻结过程进行模拟，并与实验结果进行对比。相对于忽略空气层和以导热过程模拟空气层的现有处理方式，本章提出的模型的模拟结果与实验结果吻合的更好。在带有外包装的食品的冻结过程中，包装材料与食品之间的空气层有很大的影响，其内部发生自然对流和辐射换热，忽略空气层或者以导热方式处理空气层都将引起很大误差。空气层的热阻在冻结过程中不断增大，其变化趋势与食品本身的降温过程相反。

第3章 冷库内食品冻结条件分布模拟

3.1 引 言

冷库中通常采用强制空气循环方式对食品进行冻结，空气参数会受到冻结间几何尺寸、内部设备和食品散热等多方面因素的影响，无法保持其分布的一致性。空气参数空间分布的差异，造成同一冻结间中不同位置的食品的冻结过程存在局部差异。对于间歇进货方式的食品冻结而言，其冻结工艺要求需要保证同一批食品中最差冻结质量的食品满足冻结质量要求。若以冻结时间或冻结速率作为冻结质量的评价指标，则需要使库房内冻结条件最差、冻结最慢的食品的冻结时间或冻结速率满足要求。鉴于此，需要对库房内空气参数分布以及其对食品冻结过程的影响进行研究。

冷库设计的主要目标是尽量消除库房内空气参数空间差异，使冻结间内空气参数分布尽量一致。CFD 方法可以很好的解决冷库气流组织的设计问题，近年来在冷库研究中得到越来越多的应用[17,45,60,89,90]，大多数研究集中于复杂几何形状的单体食品的传热传质过程研究。而对于同时冻结多个食品的大型冷库，一般对冻结间内的空气传热传质过程进行模拟，得到冻结间内的温度场和流场的空间分布，进而分析冷库内的气流组织情况，而缺乏对冻结间内不同位置食品的冻结过程的空间差异性的研究。对于食品冻结过程的对流换热系数，前人在实验研究的基础上得到了大量的对流换热系数关联式[8,11,12,14,16,20]，可以直接用于计算食品与空气之间的对流换热系数，但这些关联式通常有严格的适用条件，对于工业生产中特定几何形状和流场环境的食品冻结来说，常常无法找到适用的对流换热系数关联式。

本章建立冻结间内空气参数分布模型，模拟得到不同位置食品周围的空气参数。同时，模拟计算不同空气参数下食品的对流换热系数，共同构成食品的冻结条件。结合第 2 章所提出的单体食品冻结模型，对冻结间内不同位置食品的冻结过程进行模拟研究，如图 3-1 所示。使用不均匀度来量化评价冻结间内食品冻结的差异性，分析食品冻结条件的不均匀性及其对冻结过程的影响。

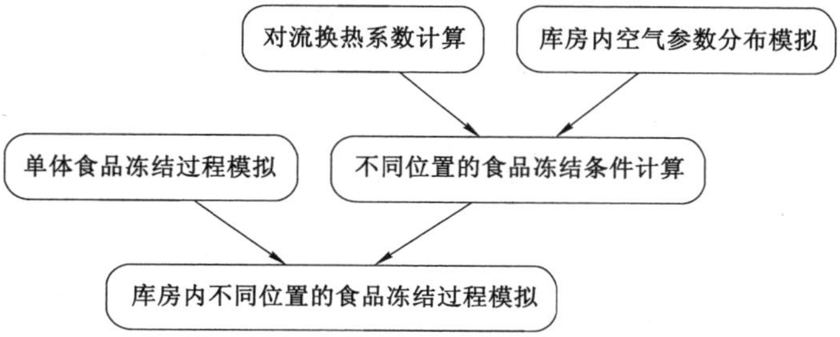

图 3-1　冻结间内不同位置的食品冻结过程研究

3.2　食品对流换热系数关联式

3.2.1　对流换热系数数值模拟

3.2.1.1　研究对象

对于以空气作为低温介质的冻结过程而言，食品与空气之间的热质传递系数值主要决定于空气流动参数，影响最大的是空气流速，其次是紊流强度。理论上可以同时模拟食品和空气侧的传热传质过程，但由于冻结间和单体食品的几何尺寸有数量级上的差距，而且流场环境复杂，计算量很大。鉴于现有的计算能力，选择分步模拟的方法，这里只就食品对流换热系数进行模拟计算。本书的研究对象为带包装的分割肉，包装材料的存在阻隔水分传递，在对流换热系数的模拟计算中忽略湿传递。

采用风道模型模拟食品与外部空气之间的对流换热，从而计算食品的对流换热系数。研究表明，当风道中物体的截面面积小于风道截面面积的 5%时，风道壁面的边界条件对于风道中物体周围流场的影响可以忽略不计[91]。为了减小风道近壁区域边界条件对流场产生的影响，使用圆管形风道模型，将外尺寸为 600 mm×400 mm×150 mm 的食品放入到半径 650 mm，长度为 2 000 mm 的圆管形风道中，食品截面面积占风道截面面积的 4.52%，如图 3-2 所示。

3.2.1.2　基本方程

使用下列通用微分方程式来描述风道内的空气参数分布：

$$\mathrm{div}(\rho V\varphi)=\mathrm{div}(\Gamma\cdot\mathrm{grad}\varphi)+S \tag{3-1}$$

式中　φ——通用变量；

Γ——广义扩散项；

S——广义源项。

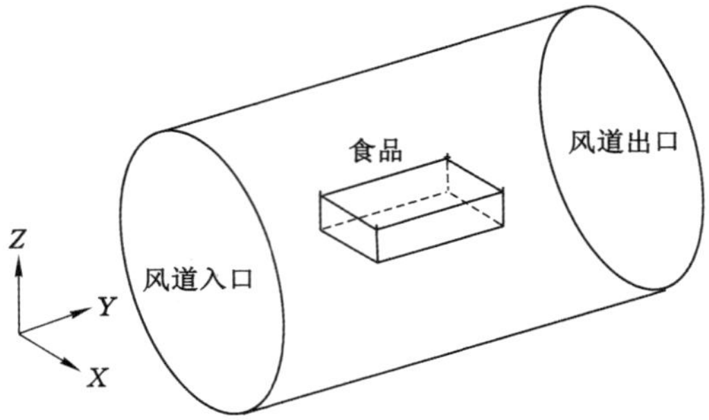

图 3-2 风道示意图

不同方程对应关系如表 3-1 所示[55]：

表 3-1 各控制方程变量、扩散系数及源项

方程	φ	Γ	S
X 方向动量方程	u	$\eta+\eta_t$	$-\frac{\partial p}{\partial x}+\frac{\partial}{\partial x}\left(\eta_{eff}\frac{\partial u}{\partial x}\right)+\frac{\partial}{\partial y}\left(\eta_{eff}\frac{\partial v}{\partial x}\right)+\frac{\partial}{\partial z}\left(\eta_{eff}\frac{\partial w}{\partial x}\right)$
Y 方向动量方程	v	$\eta+\eta_t$	$-\frac{\partial p}{\partial y}+\frac{\partial}{\partial x}\left(\eta_{eff}\frac{\partial u}{\partial y}\right)+\frac{\partial}{\partial y}\left(\eta_{eff}\frac{\partial v}{\partial y}\right)+\frac{\partial}{\partial z}\left(\eta_{eff}\frac{\partial w}{\partial y}\right)$
Z 方向动量方程	w	$\eta+\eta_t$	$-\frac{\partial p}{\partial z}+\frac{\partial}{\partial x}\left(\eta_{eff}\frac{\partial u}{\partial z}\right)+\frac{\partial}{\partial y}\left(\eta_{eff}\frac{\partial v}{\partial z}\right)+\frac{\partial}{\partial z}\left(\eta_{eff}\frac{\partial w}{\partial z}\right)$
紊流能量方程	k	$\eta+\frac{\eta_t}{\sigma_k}$	$\rho G_k-\rho\varepsilon$
紊流能耗耗散方程	ε	$\eta+\frac{\eta_t}{\sigma_\varepsilon}$	$\frac{\varepsilon}{k}(C_1\rho G_k-C_2\rho\varepsilon)$
能量方程	T	$\frac{\eta}{P_\gamma}+\frac{\eta_t}{\sigma_T}$	0

式中，$\eta_{eff}=\eta+\eta_t$，$\eta_t=\rho C_\mu k^2/\varepsilon$，

$$G_k=\frac{\eta_t}{\rho}\left\{2\left[\left(\frac{\partial u}{\partial x}\right)^2+\left(\frac{\partial v}{\partial y}\right)^2+\left(\frac{\partial w}{\partial z}\right)^2\right]+\left(\frac{\partial u}{\partial y}+\frac{\partial v}{\partial x}\right)^2+\left(\frac{\partial u}{\partial z}+\frac{\partial w}{\partial x}\right)^2+\left(\frac{\partial w}{\partial y}+\frac{\partial v}{\partial z}\right)^2\right\} \tag{3-2}$$

模型中经验常数采用经典推荐值，见表 3-2[92]：

表 3-2 *k-ε* 模型中系数

系数	C_μ	C_1	C_2	σ_k	σ_ε	σ_T
数值	0.09	1.44	1.92	1.0	1.3	0.9～1.0

3.2.1.3　边界条件和 CFD 模拟

在风道入口应用速度入口边界条件，定义空气的风速、温度、紊流强度和水力直径；在风道的出口应用自由出流边界条件；在风道的壁面上应用零速度零热流边界条件；在对流换热系数的计算中，一般可以使用固定食品表面温度和固定食品表面热流两种方法来计算对流换热系数[93]，有研究表明，固定表面温度比固定表面热流能够获得更准确的结果[17]。在食品的表面，使用零速度边界条件，同时固定食品表面的温度值。计算食品外部空间内离食品表面 150 mm 处的空气速度和紊流强度的平均值作为主流空气的温度和紊流强度值。

风道内空气的气流组织模拟采用 k-ε 模型，使用加强型壁函数的处理方法来处理食品周围的近壁区域。在这种方法中，整个求解区域被分成一个黏性影响区域和一个完全紊流区，两个区域的划分根据基于离壁距离的紊流雷诺数来确定。在完全紊流区，使用 k-ε 模型计算。在黏性影响区域，紊流黏度使用 Wolfshtein 一方程模型[88]来计算，两区的紊流黏度使用混合方程平滑的混合在一起，对整个近壁区域用一个单独的关系式表示，这个关系式使 Kader 函数[94]把近壁黏性底层的线性和紊流区的对数变化规律融合在一起。为了应用加强型壁的处理方法，近壁区域的网格必须划分得足够细密，使传递方程一直能够求解到黏性底层（$y^+=1$）。

确定边界条件之后，对风道中的空气区域进行稳态模拟，由于食品不同位置的几何形状和空气参数的差异，对流换热系数沿着食品表面存在局部差异。首先使用食品表面与紧贴食品表面的空气控制体积的温差来计算局部热流密度[44]：

$$q_{\mathrm{local}}=k_{\mathrm{a}}\frac{(T_{\mathrm{ms}}-T_{\mathrm{as}})}{d_{\mathrm{s}}}$$

式中　q_{local}——食品表面的局部热流密度，W；

T_{as}——紧贴食品表面的空气网格点的温度，℃；

T_{ms}——空气层下表面的温度，即食品外表面的温度，℃；

k_{a}——空气的导热系数，W/(m·℃)；

d_{s}——食品表面与相邻的空气网格点之间的间距，m。

使用 q_{conv} 及食品表面与主流空气的温差来计算局部对流换热系数：

$$h_{\mathrm{t}}=\frac{q_{\mathrm{local}}}{(T_{\mathrm{ms}}-T_{\mathrm{a}})}$$

式中　h_{t}——食品表面的局部对流换热系数，W/(m^2·℃)；

其他——同式(3-3)。

将食品表面的所有局部对流换热系数 h_t 值在整个换热面积上进行积分平均可以得到食品的平均对流换热系数[17]，即：

$$h_a = \frac{\int_{A_m} h_t \mathrm{d}s}{A_m} \tag{3-5}$$

式中 h_a——食品的平均对流换热系数，W/(m^2 · ℃)；

A_m——食品表面积，m^2。

3.2.2 食品对流换热系数模拟结果与分析

对于 CFD 模拟得到的对流换热系数，可以拟合成关于空气速度和紊流强度的无因次公式[16]：

$$Nu = CRe^m Pr^{1/3} Tu^A \tag{3-6}$$

其中

$$Nu = \frac{h_a \delta_s}{k_a} \tag{3-7}$$

$$Re = \frac{\rho_a U_a \delta_s}{\mu_a} \tag{3-8}$$

$$Pr = \frac{\mu_a C_a}{k_a} \tag{3-9}$$

式中 Nu——努谢尔特数；

Re——雷诺数；

Pr——普朗特数；

Tu——紊流强度；

ρ_a——空气密度，kg/m^3；

U_a——空气流速，m/s；

μ_a——空气的动力黏滞系数，(N · s/m^2)；

C_a——空气等压比热，J/(kg · ℃)；

δ_s——带包装的食品的厚度，m；

C, m, A——系数。

紊流强度 Tu 是反映紊动强弱的特征值，为脉动流速的均方根 U'_a 与相应时均流速的比值$\bar{U}_a$，即：

$$Tu = \frac{U'_a}{\bar{U}_a} \tag{3-10}$$

式中 U'_a——脉动流速的均方根，m/s；

$\bar{U}_a$——时均流速，m/s。

当风道入口的空气温度为－10 ℃，当入口速度为 2 m/s，紊流强度为 30% 时，食品局部对流换热系数沿空气流动方向的变化如图 3-3 所示。可以看到，在空气的来流方向，由于风速的增大和紊流的增强，局部对流换热系数的值最大，在食品表面沿着流动方向，局部对流换热系数不断减小。

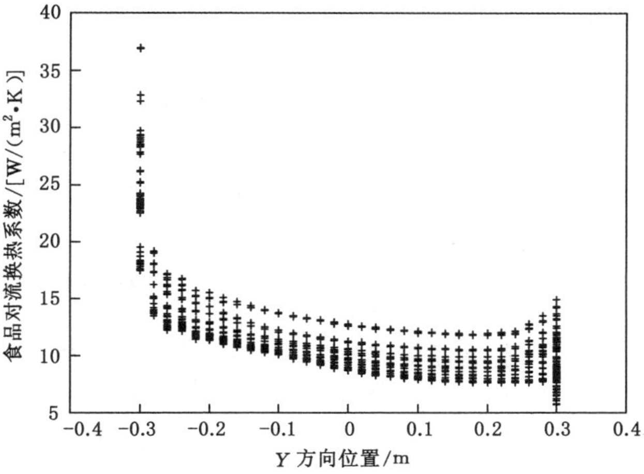

图 3-3　食品局部对流换热系数沿流动方向的变化

改变风道入口处的空气流动速度和紊流强度，取空气流速为 0.5 m/s～5 m/s，紊流强度为 10%～50%。基于不同的风速和紊流强度组合，进行多次模拟，计算不同空气参数下食品表面的局部对流换热系数。将食品的局部对流换热系数在整个换热面积上进行积分得到食品的平均对流换热系数，进而拟合为关于食品周围空气流速和紊流强度的无因次准则关联式。将不同空气流速和紊流强度下的食品对流换热系数，使用非线性最小二乘方法进行拟合，拟合得到系数 $C=1.16$，$m=0.476$，$A=0.07$，即：

$$Nu=1.16Re^{0.476}Pr^{1/3}Tu^{0.07} \tag{3-11}$$

不同空气参数下食品对流换热系数 h_a 的 CFD 模拟结果与无因次公式计算结果如图 3-4 所示的各点和实线，可以看到拟合公式计算得到对流换热系数与数值模拟结果吻合的较好。从图中看到，食品的对流换热系数 h_a 受到空气流速 U_a 的影响更大，紊流强度 Tu 影响较小。有研究表明，冻结间内部紊流强度的 Tu 变化范围为 22%～60%[8]。在这个紊流强度范围内，紊流强度 Tu 的变化对食品对流换热系数 h_a 的影响很小[16]。在图 3-4 中，当空气流速 U_a 等于 1 m/s 时，紊流强度

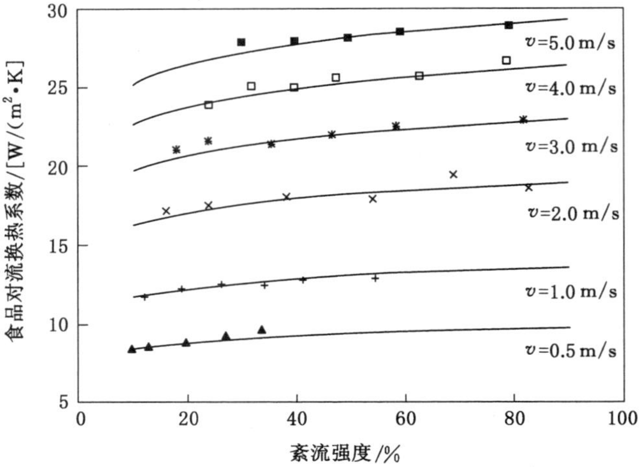

图 3-4 CFD 模拟和拟合计算的食品对流换热系数对比

Tu 从 22%增加到 60%时，食品对流换热系数 h_a 从 12.36 W/(m² · ℃)增加到 13.26 W/(m² · ℃)。因此，在食品对流换热系数 h_a 的计算中可以使用固定的紊流强度 Tu 。这种简化虽然会造成一定程度的计算误差，但使冻结间内食品的冻结条件简化为空气温度 T_a 和流速 U_a 两个因素，大大减少计算量。

3.3 冻结间内空气参数分布模型

3.3.1 冻结间内空气参数分布模型的建立

理想的冷库气流组织设计要保证冷空气分布的一致性、提高换热效率、减少失重、提高食品的冻结质量同时降低能耗。然而，实际情况中，空气的流动参数会受到冷风机、食品摆放模式和冻结间几何形状等多种参数的影响，造成不同位置的空气参数分布的差异，使相同的食品即使在冻结间中停留相同的时间，其冻结质量也会有很大的差异。CFD 方法能够有效的模拟冷库内空气和食品之间的热质传递过程，理论上讲，可以同时模拟空气参数的空间分布和食品冻结过程的温度变化和失重。然而，在实际的计算中，由于冻结间通常体积很大，而且里面装载着大量的食品，这造成冷库内的空气流场非常复杂，计算量非常大，而且结果难于收敛。

冻结间空气参数的分布取决于冷风机送风速度、冻结间与食品的几何参数等因素。如果考虑自然对流的作用，冻结间内空气参数分布还跟冻结间围护结构的温度以及空气温湿度有关。然而，研究表明，当冻结间内风速大于 0.5 m/s

时，自然对流的影响可以忽略不计。在食品冻结中一般要求掠过食品的风速达到 1～2 m/s 以上。鉴于此，本书在冻结间空气参数分布模拟中忽略自然对流。

在一些水分含量较高的食品的冻结中，为了减少干耗，通常会在食品的表面覆盖外包装，这样就很大程度上阻止了水分蒸发，降低了冻结过程食品的失重，提高了冻结质量。本课题所研究的分割肉冻结就属于这种情形，分割肉在加工完成之后会在表面包裹一层聚乙烯薄膜，然后放入纸盒或者铁盒中进行冻结，严密的包装大大降低了水分蒸发量。另外，为了保持一定的冻结质量，冻结间内的空气循环速度一般较高，冻结间内壁表面与空气的温差较小，此时可以忽略辐射换热量的影响[8]。因此，在对流换热系数的模拟计算中，只考虑食品与空气之间的对流换热，忽略蒸发换热和辐射换热。

冻结间流场区域属于大空间紊流流动换热，其气流组织模拟采用 k-ε 模型，基本方程同式(3-1)，各参数取值见表 3-1、表 3-2。为了准确模拟食品与空气之间的传热过程，使用加强型壁函数的处理方法来处理食品周围的近壁区域。为了加快计算速度，在食品表面应用形状函数进行局部加密以减少网格数量，使传递方程一直能够求解到黏性底层($y^+=1$)。冷风机送风口设为速度入口边界条件，回风口取自由出流边界条件。食品、围护结构和冷风机的壁面取第一类边界条件，速度取为无滑移条件，即壁面上各个速度分量为零。

3.3.2　冻结间内空气参数分布模型的实验验证

在 2.5 节的实验冻结间中进行流场测试，并与模拟结果进行对比以验证 CFD 模拟冻结间流场的准确性。在实验过程中冷风机始终运行，保持冻结间内部一定的风速，冷风机没有变频调速装置。使用热线风速仪测量冷风机送风速度，为准确测量冷风机出口的平均风速，在冷风机出口平面上布置 13 个测点，测点分布如图 3-5 所示[55]。

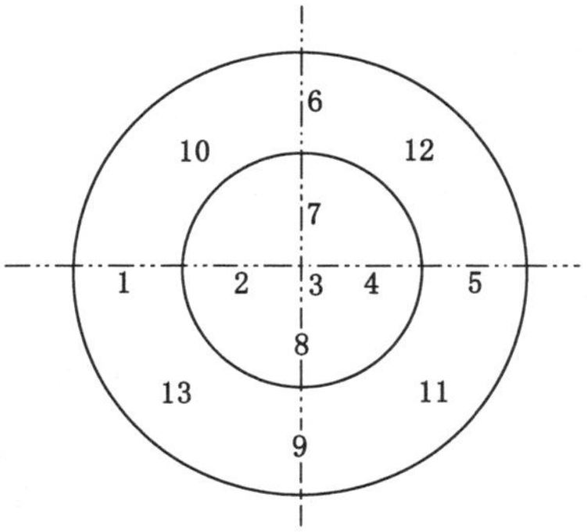

图 3-5　冷风机出口风速测点

使用热线风速仪测量冷风机出口轴平面上各点的风速大小,各测点测得的风速值如表 3-3 所示,冷风机出口平均风速值为 7.89 m/s。

表 3-3 冷风机出口风速各测点风速值

测点	1	2	3	4	5	6	7	8	9	10	11	12	13
风速/(m/s)	12.90	5.33	3.25	5.61	9.25	9.69	4.22	4.41	9.70	6.94	12.03	11.13	8.13

冻结食品放置于冻结间冷风机的轴平面上,将上述冷风机出口风速实测结果输入到冻结间模型中,进行模拟,并与流场实测结果进行对比,结果如图 3-6 所示。从图 3-6 中可以看到,冷风机送回风口处空气流速较大,随着冷空气的流动,冷空气有贴附冻结间围护结构内壁流动的趋势,在冻结间中心区域形成涡漩,此处空气流速较低,不利于该处食品的冻结。在冷风机出口轴平面布置测点,测点位置以及空气流速实测值如图所示,可以看到,冻结间中空气流速分布的实测值与模拟值吻合得较好,验证了 CFD 模拟冻结间流场的准确性。

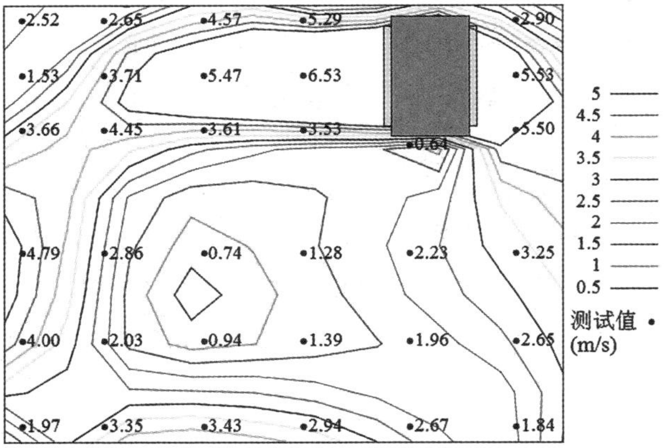

图 3-6 实验冻结间内空气流场模拟与测试结果

3.4 实际大型冻结间内空气参数分布数值模拟

研究对象为一冷库中的冻结间,该冻结间使用强制空气循环方式对食品进行冻结。为了准确模拟冻结间内的空气参数分布对于食品冻结的影响,建立三维模型,分别模拟空库和满载工况下冻结间内的空气参数分布。

3.4.1 空库时的空气参数分布数值模拟

该冻结间的结构以及冷风机的位置如图 3-7 所示。

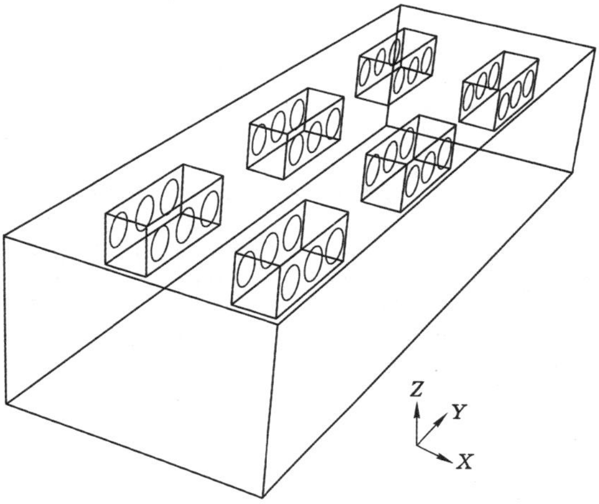

图 3-7 冻结间结构及冷风机布置

冻结间的几何尺寸为 19 m×6 m×4 m，在冻结间顶部安装六台吊顶式冷风机。图中坐标轴原点位于冻结间的中心位置。冷风机尺寸及安装位置如图 3-8 所示。

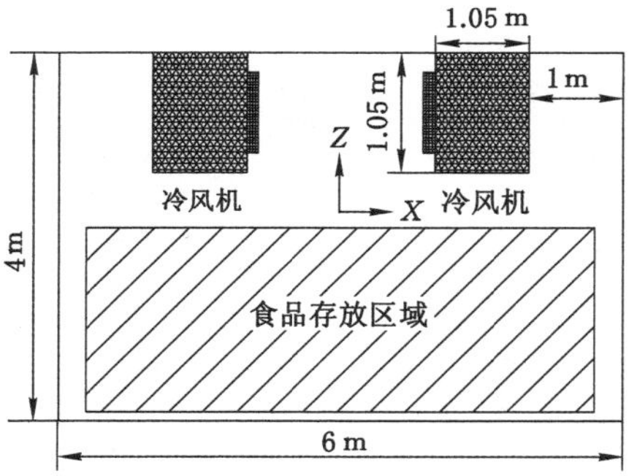

图 3-8 冻结间空库 y 轴方向中心截面图

在冻结间内空气参数分布的模拟中，忽略自然对流的影响，使用 k-ε 模型模拟冻结间内空气流动。冷风机送风口设为速度入口边界条件，风速为 10 m/s。图 3-9 和图 3-10 是 x 轴和 y 轴方向中心截面的风速分布图，可以看到冷风机送风以同等速度的对吹。两股气流在冻结间中间区域汇合之后，在冻结间的中间区域形成两个回流区。在回流区域内空气流速很小，不利于食品的散热。流场主流有贴附壁面流动的趋势，在壁面附近速度下降很快，速度变得很小。

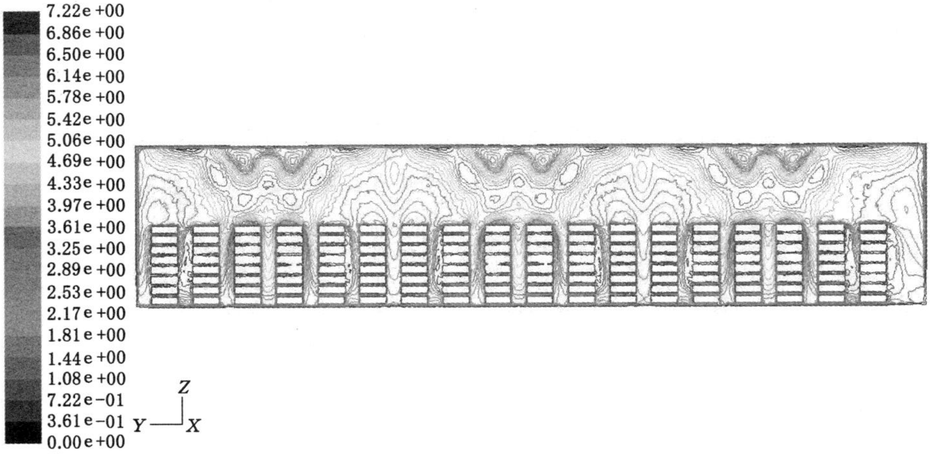

图 3-9　空库模拟时 x 轴方向中心截面($x=0$)风速分布

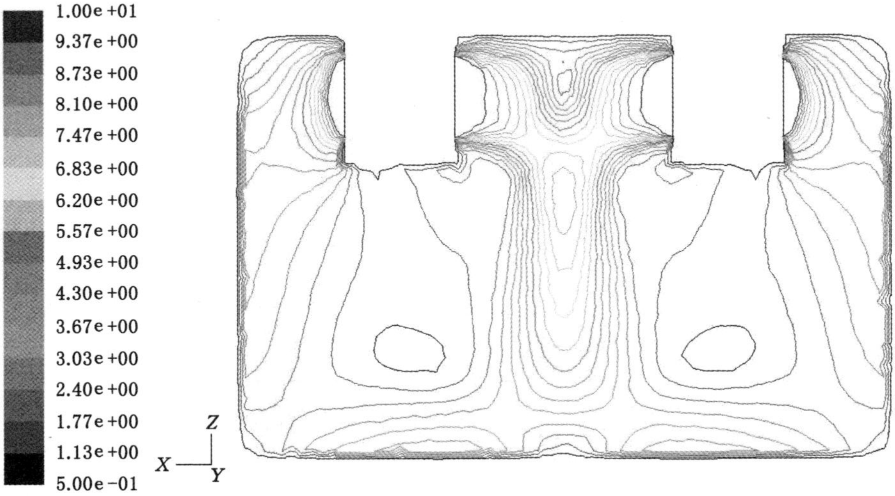

图 3-10　空库模拟时 y 轴方向中心截面($y=0$)风速分布

3.4.2　满载时的空气参数分布数值模拟

在空库模拟的基础上，建立存有食品的冻结间三维模型，以模拟冻结间满载工况下的空气参数分布。冻结间内食品存放于货架之上，单体食品的尺寸为 0.6 m×0.4 m×0.15 m，长宽高方向相邻食品之间的间距分别为 0.4 m、0.3 m、0.1 m。在冻结间长宽高方向食品的排列数量为 18×8×8，一共存放 1 152 个食品。如图 3-11 所示，食品在冻结间中的摆放位置如图 3-12 所示。食品放置于可移动的货架上，下表面与货架接触，相对于食品及包装材料的热阻来说，货架自身的热阻较小，与货架接触给食品带来的额外的热阻很小，对食品冻结的传热过程影响较小。另外，货架的存在对冻结间内部空气流场会有一定的影响，但大量的研究表明，忽略货架对冻结间内部流场模拟的准确性影响不大[54,64,95-98]。鉴于此，本书的模拟中不考虑货架的影响。

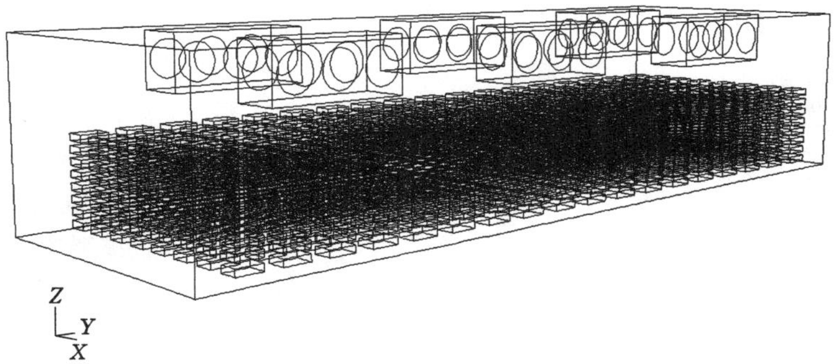

图 3-11　冷库结构及内部食品存放示意图

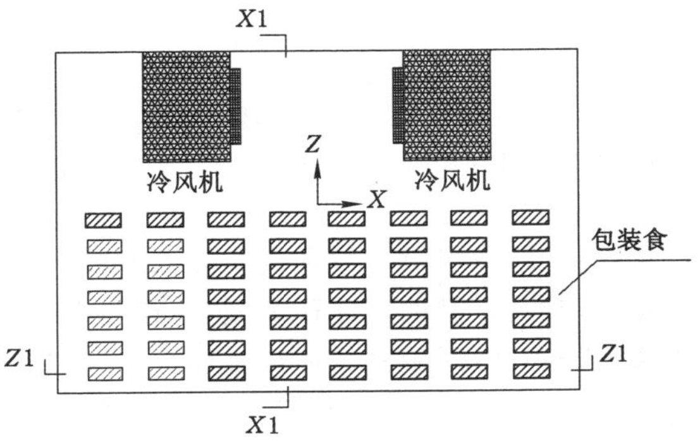

图 3-12　冻结间满载剖面图

冻结间内空气参数分布的模拟中，使用 k-ε 模型模拟冻结间内的主流空气流动，为了准确模拟食品的放热过程，为了精确模拟食品与空气之间的换热，在食品表面使用加强型壁函数来处理食品周围的近壁区域，在食品表面使用加密网格，以便使用加强型壁函数来更准确的求解对流换热。为了加快计算速度，在食品表面应用形状函数进行局部加密以减少网格数量，整个冻结间内空气流动区域离散成 1920564 个网格点。由于本次模拟中不考虑食品内部的传热传质过程，食品表面取第一类边界条件，温度为 20 ℃。冷风机送风口设为速度入口边界条件，送风温度为－34 ℃，紊流强度为 30%。改变冷风机送风速度，进行多次模拟，以研究冷风机送风速度对冻结间内的食品冻结过程的影响。冷风机回风口设为自由出流边界条件，冷风机壁面和冷库围护结构壁面取第一类边界条件，速度取为无滑移条件，即壁面上各个速度分量为零。

图 3-13 为冷风机出口风速为 10 m/s 时，冻结间中 x 轴方向第 4 列食品（X_1 截面）周围的空气流速分布。

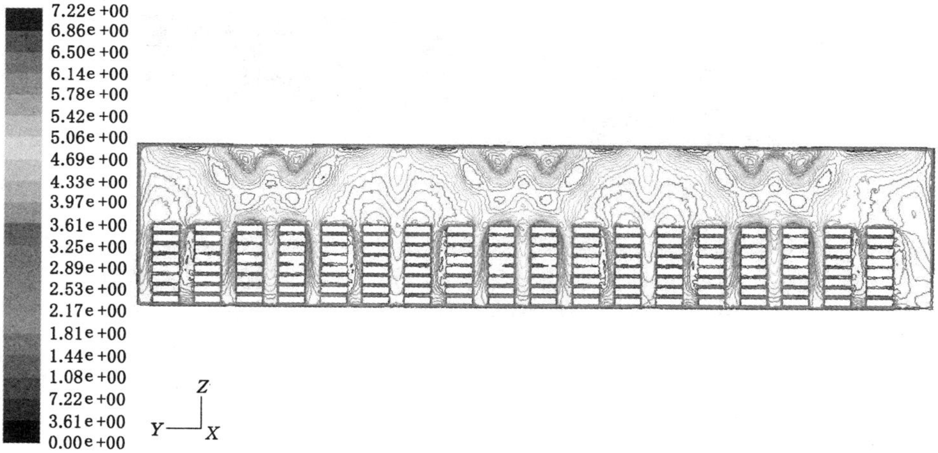

图 3-13　冷风机出口风速为 10 m/s 时 x 轴方向第 4 排食品（X_1 截面）风速分布

从图中可以看到，吹过冷风机下方的食品的风速最大，而随着气流向风机两侧及冻结间底部延伸，吹过食品的风速逐渐减小，在两组冷风机之间以及冷风机与墙壁之间形成风速较小区域，不利于该位置处食品的冻结。

当冷风机送风速度为 10 m/s 时，冻结间内底层食品（Z_1 截面）在水平平面上的空气流速分布如图 3-14 所示，从图中可以看到，冷风机下方区域的空气流速较大，而在靠近围护结构内壁的区域，空气流速较小。空气流速分布的空间差异将导致冻结间内不同位置的食品的冻结条件的差异。

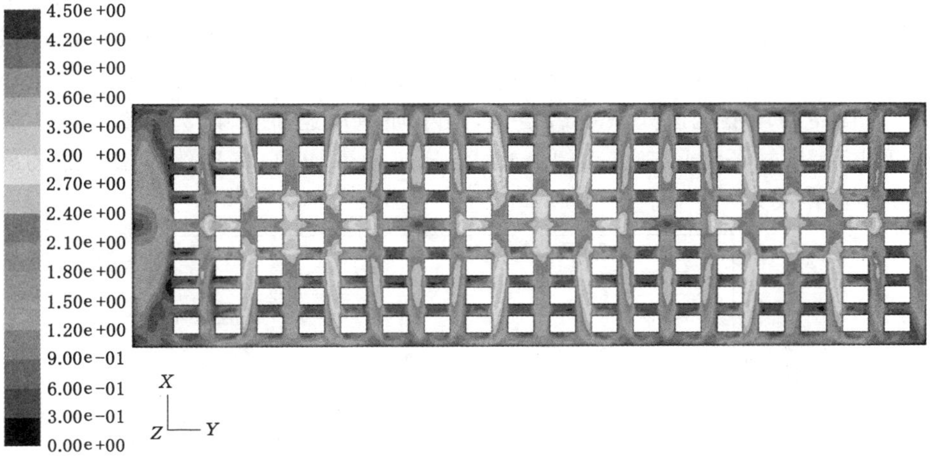

图 3-14　冷风机出口风速为 10 m/s 时底层食品截面(Z_1 截面)风速分布

3.5　冻结间内不同位置食品冻结条件的计算

3.5.1　食品冻结条件的定义

冻结间内食品单体周围的空气参数，包括周围空气的温度、空气的流速和紊流强度等，这些参数直接影响食品的冻结过程，共同构成了食品的冻结条件。3.2 节的研究结果表明，在冻结间空气紊流强度变化范围内，紊流强度的变化对食品对流换热系数的影响较小。在冻结间空气参数分布中，可以取统一的紊流强度值。这样，影响食品冻结过程的空气参数可以简化为空气温度和流速。

对于特定的食品，其种类、位置、几何参数、包装形式固定，食品的冻结过程取决于每个食品单体周围的空气参数，将食品单体周围的空气参数定义为食品的冻结条件。将冻结间内不同位置食品周围的空气温度和流速，分别定义为食品的环境温度和环境风速。在模拟得到的冻结间空气流场和温度场中，计算每个食品单体外部空间内距离食品表面 150 mm 处的平均温度和风速[52]，作为流经食品的主流温度和速度，即环境温度和环境风速，得到每个食品单体的冻结条件。

3.5.2　冻结间内不同位置食品冻结条件的分布

该冻结间中在长宽高方向分别有 18 列、8 列和 8 列食品，设定食品在长宽高方向的列数分别为 i、j、k。图 3-15 为冷风机出口风速为 10 m/s 时，冻结间中 x 轴方向第 4 列食品的环境风速值。可以看到顶层食品的环境风速远远大于其他层食品的环境风速，由于风机位置的影响，处于两组风机之间的区域内的食品的环境风速较小。而随着流动向底部延伸（z 方向列数 k 从 8 减小到 1），食品的环境风速先减小后增大，最小环境风速位于第 3 和第 4 层。另外，顶层食品的环境风速波动幅度最大，分布最不均匀，将导致顶层食品的冻结过程差异最大。

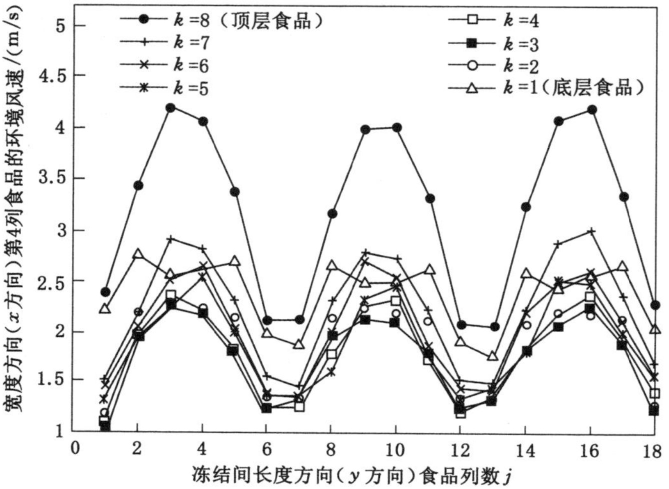

图 3-15　冻结间中宽度方向（x 轴方向）第 4 列食品（$i=4$）的环境风速分布

将冻结间内底层食品的环境风速的计算结果进行拟合，得到冻结间内底层食品的环境风速分布，如图 3-16 所示。可以看到对于冻结间底层食品来说，处于不同区域内的食品，其环境风速差别较大。由于冻结间中沿长度方向布置六

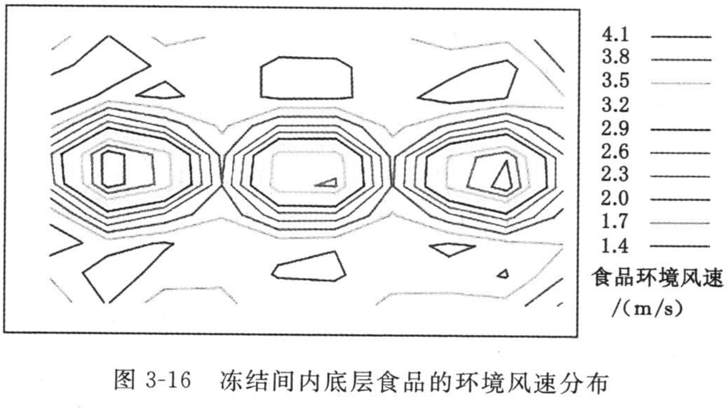

图 3-16　冻结间内底层食品的环境风速分布

台冷风机，两两对吹，在冷风机对称面附近的区域，食品的环境风速较大，并按冷风机的布置方式，形成了三个环境风速较大的环形区域。而在远离冷风机对称面的两侧区域，食品的环境风速较小。食品环境风速的这种空间差异，最终会导致同一冻结间中食品冻结过程的差异。

计算顶层的食品的周围温度，结果如图 3-17(a)所示，可以看到在 x 轴方向中间两列($i=4,5$)的食品周围温度最低，从中间两列向 x 轴正负方向延伸时，其温度不断升高，这和流场模拟的结果吻合，冷风机送出的空气合流后先经过中

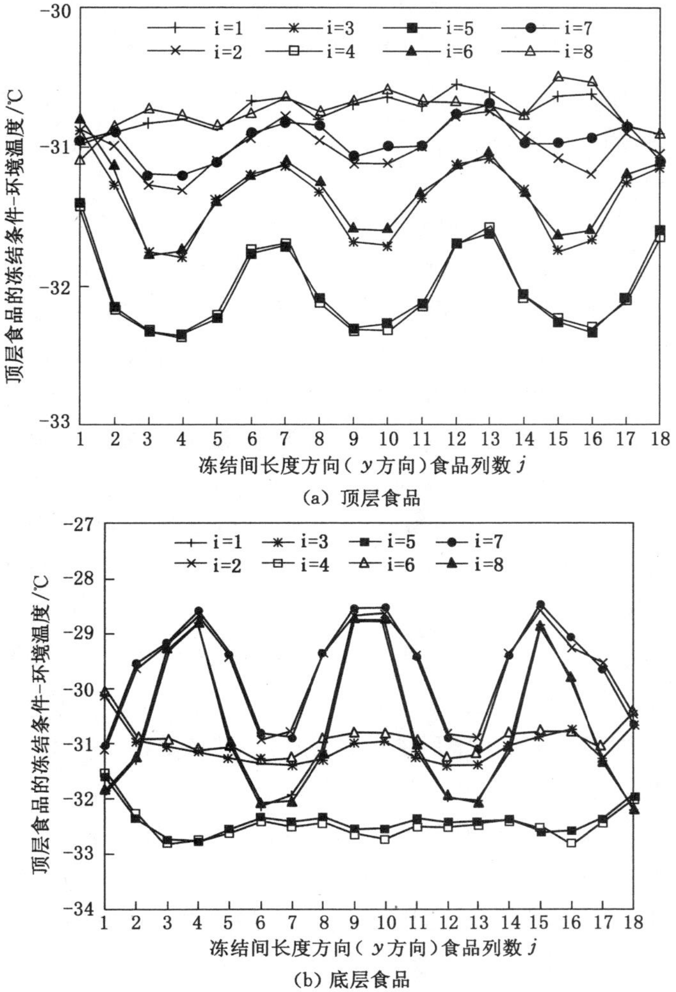

(a) 顶层食品

(b) 底层食品

图 3-17　冻结间内食品的冻结条件-环境温度

间的两列，然后依次流过两边的食品，在流动的过程中，空气和食品之间发生对流换热，空气温度不断升高，所有的温度场按 $x=0$ 的截面对称，对称位置的食品周围的温度几乎相等。另外，中间两列的温度波动幅度较大，波动的规律跟冷风机的位置吻合，随着空气向两侧流动，温度的波动越来越小，食品周围的温度越来越均匀，食品冻结质量的差异性也会越来越小。

而在底层食品周围的温度趋势图中，如图 3-17(b)所示，可以看到 x 轴方向中间两列的温度仍然是最低的，随着空气吹过两侧食品，温度逐渐升高，值得注意的是最高温度并不是出现在紧贴墙壁的两列食品周围，而是出现在其内侧的两列上($i=2,7$)。在温度波动的趋势中，中间两列食品的周围温度波动最小，而靠近墙壁的两列温度波动最大，这和顶层食品周围温度的波动趋势正好相反。另外，顶层食品周围温度的最大波动值仅有 0.94 ℃左右，而底层食品的最大波动值可以达到 3.45 ℃。

从空气速度的趋势图中，可以看到所有食品周围的空气速度都关于 x 轴方向的中心截面对称，如图 3-18 所示。可以看到在宽度(i)方向中间两列($i=4,5$)的食品环境风速最大，因为宽度方向中间两列食品最接近风机出口位置。从中间两列向宽度正反方向延伸时，食品的环境风速不断减小，这和流场模拟的结果吻合。冷风机送出的空气合流后先经过中间的两列，然后依次流过两边的食品，在流动的过程中，空气和食品之间发生接触，温度不断升高，风速不断减小。所有的温度场按宽度方向中心截面对称，对称位置的食品环境风速几乎相等。另外，中间两列的食品环境风速波动幅度较大，波动的规律跟冷风机的位置吻合，随着空气向两侧流动，波动越来越小，食品的环境风速越来越均匀，食品冻结质量的差异性也会越来越小。

而底层的速度趋势图则呈现出完全不同的特点，如图 3-18(b)所示，冻结间内中间两列食品的周围空气速度及其波动幅度都远远高于其他列，而两边列的空气速度变化并没有体现出跟顶层相同的趋势，其波动幅度大小也相差不大，使该处食品的冻结时间和冻结质量比较一致。

由此可见，冷库中不同位置的食品的冻结条件差别很大，顶层和底层食品的冻结条件呈现出完全不同的趋势，即使对于同一层食品而言，其冻结条件也呈现出不同程度的波动，这些冻结条件上的不一致最终将导致食品冻结时间和冻结质量的不一致，对于同时进货的食品来说，当其中一部分食品冻结完成的时候，其他食品可能仍然处于未完全冻结的状态。

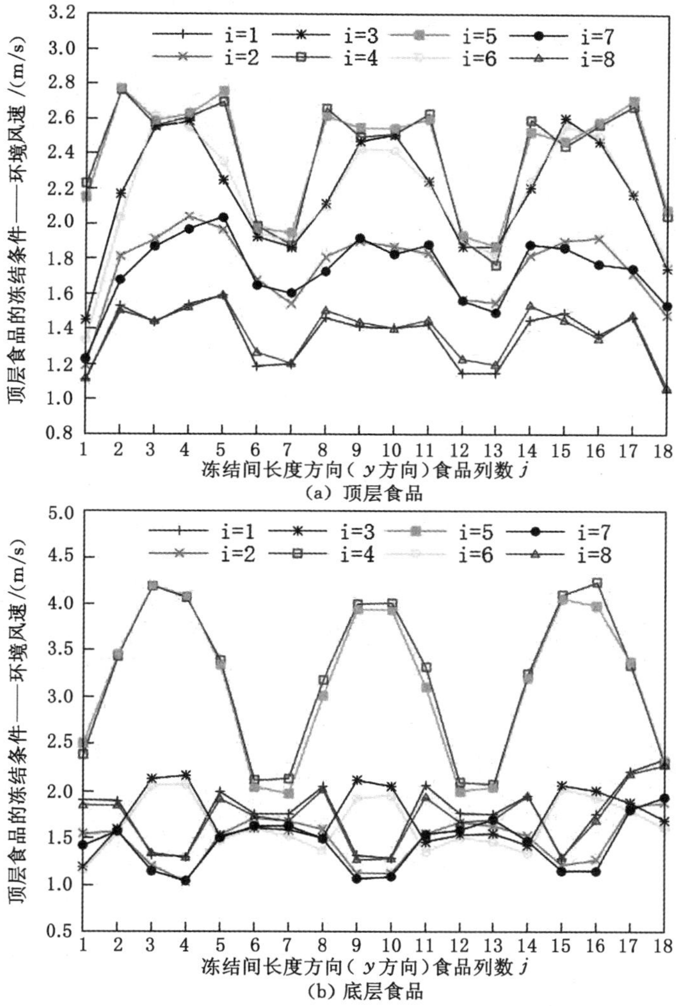

图 3-18　冻结间食品的冻结条件-空气流速

3.6　冻结间内冻结条件对食品冻结过程的影响

改变冷风机出口流速，进行多次模拟，得到不同冷风机出口流速下的冻结间内空气参数分布。使用冷风机风量表征冷风机出口空气流速的变化，随着冷风机风量的变化，冻结间内食品周围的最大、最小和平均环境风速的变化如

图 3-19 所示。随着风量的增大，食品周围的环境风速都有不同程度的增加，而冻结间内食品的最大环境风速增加幅度较大，最小环境风速增加不明显。

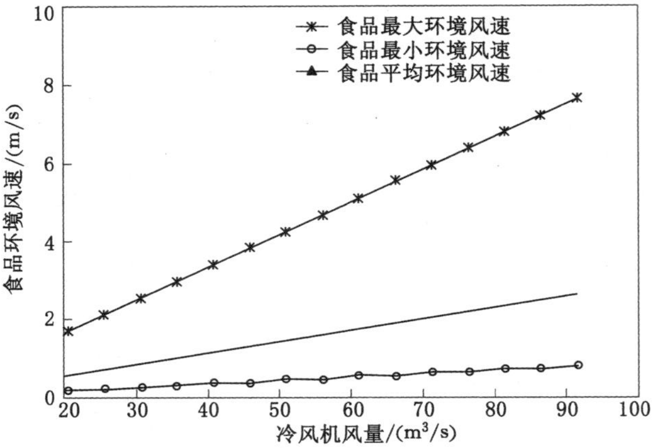

图 3-19　不同冷风机风量下的食品环境风速

将不同冷风机风量下的食品环境风速代入食品对流换热系数关联式(3-11)中，同时使用第 2 章提出的食品冻结过程模型进行模拟，研究不同冷风机风量下食品的冻结过程。假设冻结间内空气平均温度保持不变，分别为 −20 ℃、−25 ℃、−30 ℃、−35 ℃时，冻结间内最大、最小以及平均的环境风速下的食品冻结时间随冷风机风量的变化如图 3-20：

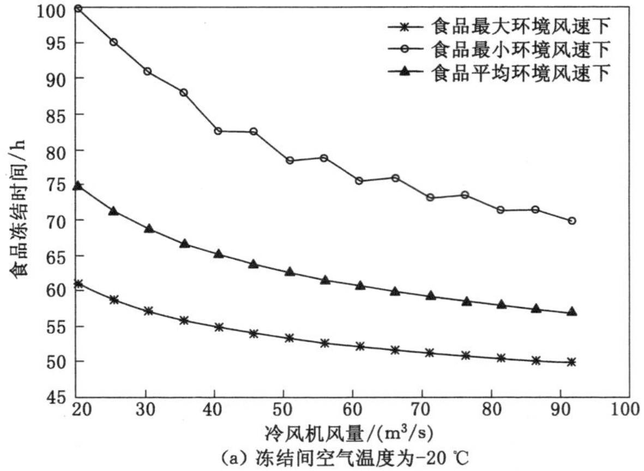

(a) 冻结间空气温度为-20 ℃

图 3-20　冻结间内空气温度不同时食品冻结时间与冷风机风量的关系

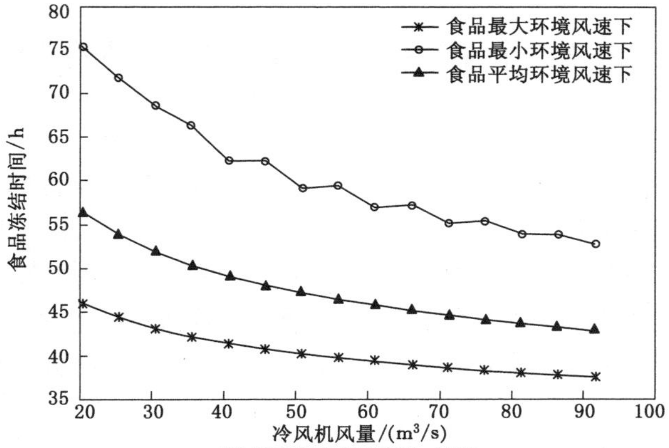

(b) 冻结间空气温度为-25 ℃

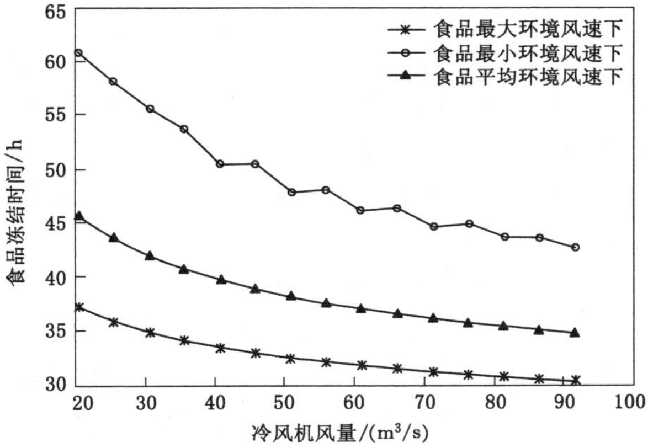

(c) 冻结间空气温度为-30 ℃

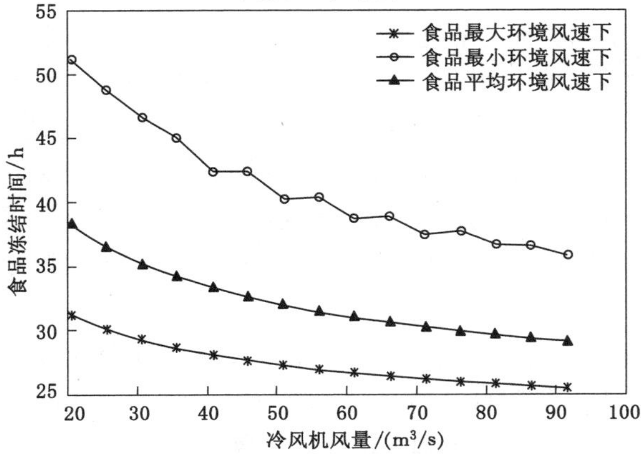

(d) 冻结间空气温度为-35 ℃

图 3-20(续)

3.7 冻结间内食品冻结条件的敏感性分析

影响食品冻结过程的因素很多，而在食品的冻结条件中，以空气温度和空气的流动速度影响最大。为了研究冷库内空气参数对食品冻结的影响，对食品冻结过程进行敏感度分析。

敏感性分析是指定量分析某个因素或某几个因素的变化对某一个或一组关键指标的影响程度，其实质是通过逐一改变影响因素的数值来分析关键指标受这些因素变动影响大小的规律。计算方法为关键指标的变化除以某个影响因素百分比的变化率：

$$f_{\mathrm{x}}=\frac{f(x_{\mathrm{L,R}})-f(x_{\mathrm{C}})}{\left[\dfrac{x_{\mathrm{L,R}}-x_{\mathrm{C}}}{\Delta x}\right]\times 100\%} \tag{3-12}$$

式中 x_{C}——影响因素的参考输入值；

f_{x}——关键指标关于影响因素 x 的名义变化值；

$x_{\mathrm{L,R}}$——改变之后的相应影响因素输入值；

Δx——影响因素 x 的可变范围；

$f(x_{\mathrm{C}})$——输入影响因素参考值时的输出结果；

$f(x_{\mathrm{L,R}})$——改变影响因素输入值后的输出结果。

对于有多个影响因素的敏感性分析，需要在假定其他因素不变的条件下，分析某个因素的影响。冻结间内食品冻结过程的影响因素包括食品的环境温度和环境风速，食品冻结过程的敏感性分析需要固定其中一项影响因素为参考输入值，计算另一项的百分比变化对于食品冻结过程指标变化的影响。应用第 2 章包装食品的冻结模型，依次改变食品冻结条件中的环境温度和环境风速。在一个参数改变时，另一个参数保持不变，模拟食品的冻结过程。以食品冻结时间和冻结速率的变化值来衡量某一冻结条件改变对食品冻结过程的影响。食品冻结时间定义为食品从初始温度 10 ℃冻结到食品热中心温度下降到−15 ℃所消耗的时间。冻结速率的计算采用前述国际制冷学会关于冻结速率的计算公式。

对于前述冻结间中的食品进行冻结条件敏感性分析。当冷风机风量为 20 m^3/s 时，处于不同位置食品的环境风速可变范围为 0.185 m/s～1.69 m/s，取环境温度参考输入值为−30 ℃，分析环境风速对食品冻结的影响；食品环境温度的可变范围为−32.7 ℃～−27.59 ℃，取环境风速的参考输入值为 0.94 m/s，分析环境温度对食品冻结的影响。食品冻结过程敏感性分析结果如

图 3-21 所示。可以看到，在冻结间环境温度和环境风速的可变范围之内，环境风速单位百分比的改变对于冻结速率和冻结时间的影响更大。

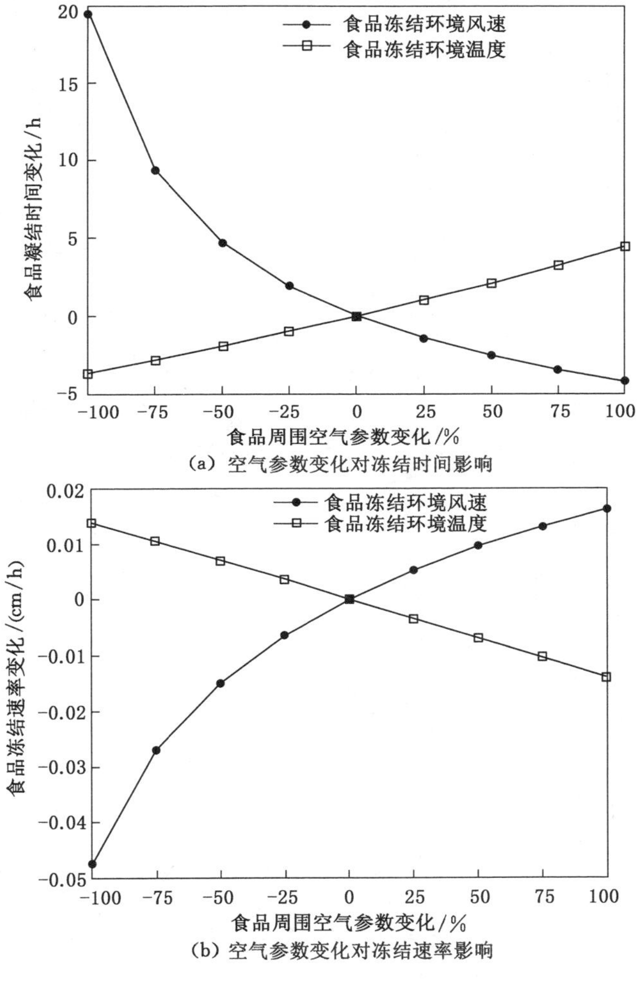

图 3-21　冷风机风量为 20 m^3/s 时冻结过程敏感性分析

当冷风机风量为 90 m^3/s 时，处于不同位置食品的环境风速可变范围为 0.81 m/s～7.66 m/s，环境温度参考输入值为－30 ℃，分析环境风速对食品冻结的影响；食品环境温度的可变范围为－32.92 ℃～－28.7 ℃，取环境风速的参考输入值为 4.24 m/s，分析环境温度对食品冻结的影响，如图 3-22 所示。食品冻结过程指标对于食品冻结过程影响因素的敏感系数 f_x 表现为曲线的斜率。可以看到，随着冷风机风量的增大，冻结间内的食品冻结的环境温度分布范

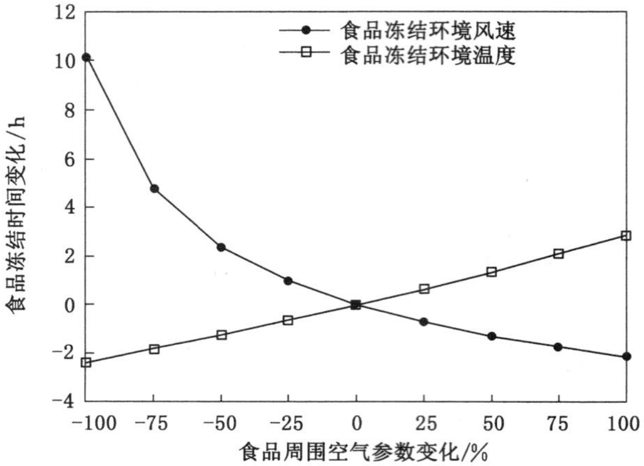

(a) 空气参数变化对冻结时间影响/%

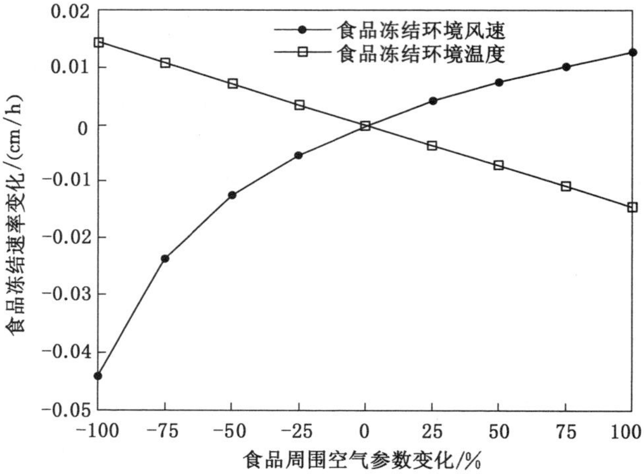

(b) 空气参数变化对冻结速率影响

图 3-22 冷风机风量为 90 m^3/s 时冻结过程敏感性分析

围变化不大，而环境风速分布范围增大。通过食品对流换热系数的分析可知，环境风速越小，环境风速的变化对于食品对流换热系数的影响越大。当冷风机风量较小的时候，虽然环境风速变化范围小，但由于在该范围之内，对流换热系数对于风速的变化非常敏感，使得环境风速对于食品换热过程仍然有很大的影响。在冻结间中，由于食品环境温度的变化范围更小，环境风速的变化范围更大，环境温度的变化对食品冻结时间和冻结速率的影响较小，而且其敏感系数保持相对稳定，斜率几乎保持不变。环境风速对食品冻结的影响较大，在食品环境风速较小的情况下，环境风速的敏感系数更大，随着环境风速的增大，环境风速对食品冻结过程指标的影响逐渐减小，曲线趋于平缓。

3.8 不均匀度分析

3.8.1 环境温度和环境风速的不均匀度

在冻结间内环境风速的空间差异要远远大于环境温度的空间差异，而由于冻结质量的要求，冻结间内需要保持一定的风速，更大的风速导致更快的空气循环速度，使温度的空间分布更加均匀。为定量评价冻结间内冻结条件空间分布的均匀性，建立冻结间内食品冻结过程指标空间分布的不均匀度 φ 作为评定指标[99]：

$$\varphi=\sqrt{\frac{1}{n}\sum_{i=1}^{n}\left(\frac{\chi_i-\bar{\chi}}{\bar{\chi}}\right)^2} \tag{3-13}$$

式中 φ——冻结间食品冻结过程指标空间分布的不均匀度；

n——冻结间内所有食品的个数；

χ——冻结间内任意位置食品的相关参数；

$\bar{\chi}$——冻结间内所有食品该参数的平均值。

参数 χ 可以是食品的冻结条件，也可以是食品的冻结质量指标，即冻结速率或冻结时间。冻结间内的某参数不均匀度越大，就意味着该参数在整个冻结间的空间分布越不均匀。

当冷风机风量改变时，食品的冻结条件不均匀度如图所示。从图3-23中的数值可以看到，食品环境风速的不均匀度要远远大于环境温度的不均匀度。随着冷风机风量的增大，食品的环境风速的不均匀度从42.69%增大到43.45%，环境风速的分布越来越不均匀；而食品的环境温度的不均匀度从0.40%减小到0.34%，环境温度的分布越来越均匀。

3.8.2 冻结速率和冻结时间的不均匀度

一般来说，在大型冻结间中会有成百上千个食品进行冻结，而每个食品的冻结条件都有差异，如果要计算食品冻结质量指标的不均匀度，需要对每个食品的冻结过程进行模拟，得到每个食品的冻结时间和冻结速率指标。然而对于现阶段的计算机计算能力来说，这是不现实的。为了准确而快速的计算不均匀度，按相关参数的取值大小，将所有食品分段。将所有食品相关参数的取值范围等分为 m 段，每段分别有 $n_1, n_2 ... n_m$ 个食品，分别用每段内的平均值 $\bar{\chi}_1, \bar{\chi}_2, \bar{\chi}_3 ...$

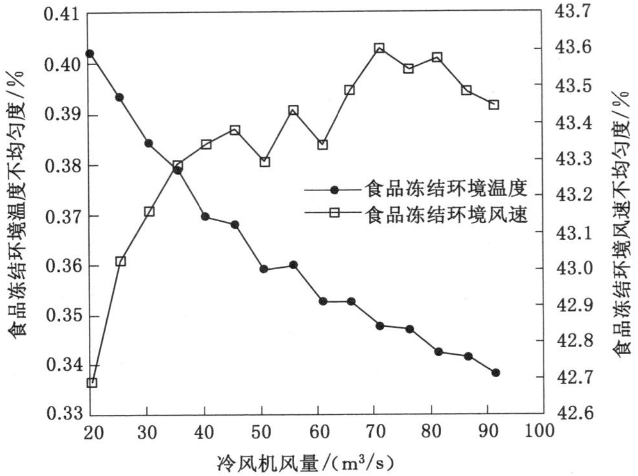

图 3-23　冷风机风量不同时食品冻结条件不均匀度的变化

$\bar{\chi}_m$ 来代替该阶段内所有食品的该参数取值。当冷风机风量为 50 m^3/s 时，将冻结间内食品冻结的环境风速范围以 0.2 m/s 为间隔分成 20 段，食品在环境风速分段中的数量分布如图 3-24 所示：

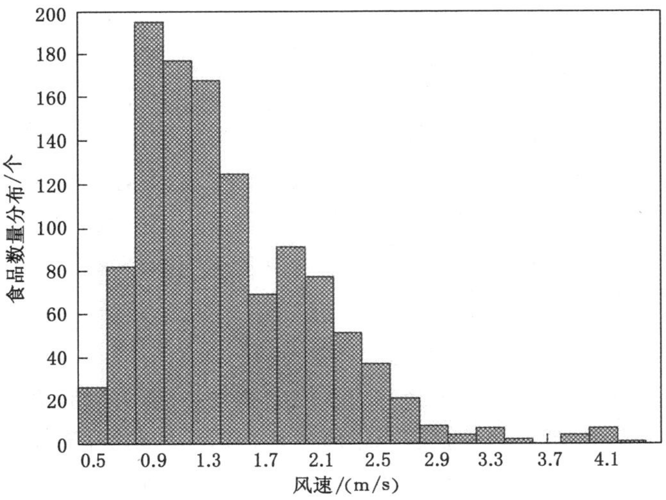

图 3-24　冷风机风量为 50 m^3/s 时冻结间所有食品的环境风速数量分布

分段计算不均匀度的公式如下：

$$\varphi'=\sqrt{\frac{1}{n}\sum_{k=1}^{m}\sum_{i_k=1}^{n_k}\left(\frac{\chi_{i_k}-\bar{\chi}'}{\bar{\chi}'}\right)^2}=\sqrt{\frac{1}{n}\sum_{k=1}^{m}n_k\left(\frac{\bar{\chi}_k-\bar{\chi}'}{\bar{\chi}'}\right)^2} \tag{3-15}$$

因 $\sum_{k=1}^{m}n_k\bar{\chi}_k=n\bar{\chi}$，所以 $\bar{\chi}'=\bar{\chi}$，公式写成：

$$\varphi'=\sqrt{\frac{1}{n}\sum_{k=1}^{m}n_k\left(\frac{\bar{\chi}_k^2-2\bar{\chi}_k\bar{\chi}+\bar{\chi}^2}{\bar{\chi}^2}\right)}=\sqrt{\frac{1}{n\bar{\chi}^2}\left(\sum_{k=1}^{m}n_k\bar{\chi}_k^2-\sum_{k=1}^{m}2n_k\bar{\chi}_k\bar{\chi}+\sum_{k=1}^{m}n_k\bar{\chi}^2\right)}$$

$$\begin{aligned}\varphi'&=\sqrt{\frac{1}{n\bar{\chi}^2}\left(\sum_{k=1}^{m}n_k\bar{\chi}_k^2-2\bar{\chi}\sum_{k=1}^{m}n_k\bar{\chi}_k+\bar{\chi}^2\sum_{k=1}^{m}n_k\right)}\\&=\sqrt{\frac{1}{n\bar{\chi}^2}\left(\sum_{k=1}^{m}n_k\bar{\chi}_k^2-2n\bar{\chi}^2+n\bar{\chi}^2\right)}\\&=\sqrt{\frac{1}{n\bar{\chi}^2}\left(\sum_{k=1}^{m}n_k\bar{\chi}_k^2-n\bar{\chi}^2\right)}\end{aligned} \tag{3-16}$$

$$\varphi'=\sqrt{\frac{1}{n\bar{\chi}^2}\sum_{k=1}^{m}n_k\bar{\chi}_k^2-1} \tag{3-17}$$

而

$$\varphi=\sqrt{\frac{1}{n\bar{\chi}^2}\sum_{i=1}^{n}\chi_i^2-1} \tag{3-18}$$

从这式(3-17)和式(3-18)可以看到，当 m 等于 n 时，所有食品被分为 n 段，每段只含有一个食品，此时分段计算得到的不均匀度 φ' 就等于全面计算得到的不均匀度 φ 。当 m 的取值越靠近 n 时，分段计算得到的不均匀度就越接近于真实值。当冷风机风量为 50 m^3/s 时，分段计算和全面计算得到的温度的不均匀度分别为 0.003 59 和 0.003 56，速度的不均匀度分别为 0.433 和 0.427，使用分段计算温度和速度的不均匀度分别会产生 0.88％和 1.36％的误差。可见在计算不均匀度时，可以使用分段计算来代替总体计算，从而使计算过程更加简单实用。

利用上述分段计算方法，在特定的冷风机风量下，将冷库中所有食品按环境风速分段，进行模拟计算，得到食品冻结时间与冻结速率的不均匀度。当冷风机风量改变时，食品冻结质量指标的不均匀度如图 3-25 所示。在冷风机风量较小的时候，食品冻结时间和冻结速率的不均匀度均随着冷风机风量而增大，此时环境风速的不均匀度随着冷风机风量的增大而迅速增加，食品冻结过程差异主要由环境风速决定；而随着冷风机风量的增加，环境风速不均匀度的增长趋势放缓,而环境温度却更加趋于一致,在这两个因素的共同作用下,食品冻结时间的不均匀度增长趋势放缓,甚至小幅下降,而食品冻结速率的不均匀度大幅度下降,不同位置的冻结速率趋于均匀一致。存在一个冷风机风量值,使食品的冻结时间和冻结速率的不均匀度取最大值,使冻结间中不同位置的食品冻结过程呈现出最不均匀的状态。

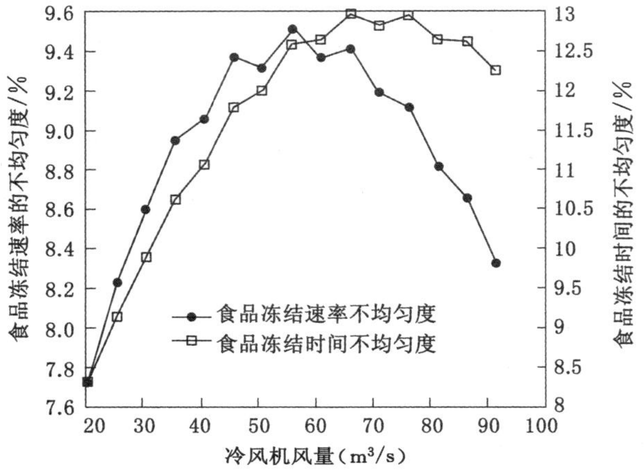

图 3-25　冷风机风量不同时食品冻结过程不均匀度的变化

从图 3-23 和图 3-25 中可以看到,当冷风机风量从 20 m^3/s 增加到 50 m^3/s 时,冻结间内食品冻结速率和冻结时间的不均匀度迅速增加。在这个风量范围内,环境温度不均匀度减小,环境温度分布越来越均匀,而环境风速的不均匀度迅速增大,分布越来越不均匀。可见,在 20 m^3/s～50 m^3/s 的冷风机风量范围内,冻结间内食品冻结过程的差异主要是由食品环境风速的差异引起的,食品环境温度的差异影响很小,可以使用集中参数方式处理食品的环境温度分布,使用统一的空气温度。

3.8.3　进货时间对于冻结不均匀度的影响

对于间歇进货方式的食品冻结而言,食品的进货并不是在一瞬间完成的,而是需要一定的时间。食品的进货速度跟生产速度相匹配,进满一个冻结间往往需要几个小时的时间。而在食品进货的过程中,为了保持食品不至于受到外界温度波动的影响,冻结间内需要一直保持低温,风机保持开启。在这种情况下,先进库的食品就可能比后进库的食品多冻结了几个小时,完成冻结过程也比后进库的食品可能提早几个小时。这种情况下进货时间对于整个冻结间的冻结过程不均匀度影响很大,远比由于冻结间内的风速和温度差异而导致的不均匀度大得多。在食品的进货过程中，需要从管理调度的角度出发，尽量缩短单个冻结间的进货时间，减小由于进货时间而导致的差异。

另外，可以将先入库的食品放置于冷库冻结条件较为恶劣（空气温度较高，流速较慢）的区域，即图 3-16 中蓝色和绿色所示区域，增加该部分食品的冻结时间，弥补由于冻结条件空间分布不均匀导致的冻结过程的不均匀性。

3.9　本章小结

食品冻结通常在冻结间内进行，受到冻结间几何参数、冷风机送风速度、食品摆放形式等因素的影响，同时由于冻结间内气流组织不均匀，不同位置食品的冻结过程存在差异，本章在单体食品冻结过程模拟的基础上，研究了冻结间内空气参数分布对于食品冻结的影响。首先通过风道数值实验，计算无限空间条件下食品周围空气参数对于对流换热系数的影响。通过改变风道入口空气参数，计算得到不同空气参数下的食品对流换热系数，并将之拟合成无因次关联式。在冻结间紊流强度变化范围内，紊流强度的影响很小，在计算中可以取固定值，将食品冻结条件简化为空气温度和流速。

然后，使用 CFD 方法对于一大型冻结间进行空库模拟和满载模拟，改变冻结间内冷风机的送风参数，模拟得到不同送风参数下冻结间内温度场和流场的空间分布。在上述计算得到冻结间空气参数分布的基础上，计算每个单体食品周围的空气温度和空气流速，定义为单体食品冻结的环境温度和环境风速，构成食品的冻结条件，分析食品的冻结条件分布，及其对食品冻结过程的影响。

对冻结间内食品冻结条件进行敏感性分析和不均匀度分析。敏感性分析表明，由于冻结间内食品环境风速空间差异的范围更大，使得冻结间内食品环境风速相对于环境温度的变化对于食品冻结过程有更大的影响。使用不均匀度作为评价食品冻结空间分布的均匀程度，结果表明冻结间内环境风速的不均匀度随着冷风机风量的增大而增大，环境温度的不均匀度随着冷风机风量的增大而减小。当冷风机风量较小时，冻结时间和冻结速率不均匀度的变化趋势与食品环境风速的不均匀度变化趋势相同，而当冷风机风量较大时，食品环境风速增长趋势放缓，不同位置食品的冻结过程随着环境温度的不均匀度减小而逐渐趋于均匀一致。在 20 m^3/s～50 m^3/s 的冷风机风量变化范围内，冻结间内食品冻结过程的差异主要是由食品环境风速的差异引起的，食品环境温度的差异影响很小，可以使用集中参数方式处理食品的环境温度分布，使用统一的空气温度。

第4章 基于食品冻结时间和冻结速率的冷库节能优化

4.1 引　　言

食品冻结根据不同的食品及包装形式，选择不同的冻结方式和工艺标准，总的要求是在经济合理的原则下，尽可能提高冻结装置的制冷效率，提高冻结速率，缩短冻结时间，保证冻结质量。肉类的冻结通常采用冷风机强制空气循环，要求掠过食品表面的风速达到 1～2 m/s[48]，冻结间内空气温度通常保持在 −23 ℃～−30 ℃，在工艺标准规定的时间之内使食品中心的温度达到 −15 ℃。食品冻结是能耗密集型工业过程，相对于冷库中的冷藏过程而言，后者往往持续时间更长，但是在冷藏过程中食品放热负荷很小，制冷系统所需要负担的负荷主要来自围护结构以及冻结间内的辅助设备的热量。而在冻结过程中，食品放热远大于冷藏过程中的食品放热，食品负荷是制冷系统需要负担的主要负荷，同时为了保证冻结速率，冻结过程要求的冻结间内的空气流速也远远高于冷藏过程，导致冷风机的散热量也比冷藏过程大得多，而由于冻结间对于围护结构保温性能有更高的设计要求，围护结构的传热量在整个系统的负荷中所占的比例很小。

对于特定食品，冻结间内的空气温度和吹过食品表面的空气流速直接决定了存放于冻结间内的食品的冻结过程。而冻结间内的空气温度变化取决于冻结间内各种负荷以及冷风机制冷量之间的相互作用，吹过食品表面的空气流速取决于冻结间、食品的几何形状以及冷风机的风量。在冻结间、食品以及冷风机的几何参数、摆放位置等固定的情况下，冻结间内的食品冻结过程取决于冷风机制冷剂蒸发温度和冷风机风量，制冷剂蒸发温度和冷风机风量是冻结间内食品冻结过程的控制变量。对于初始温度、几何参数等参数固定的一定数量食品冻结过程而言，存在一个制冷系统蒸发温度和冷风机风量的最优调节方式，使食品满足冻结质量的同时，消耗的能量最少。这种最优运行方式必须遵守保证工艺标准的前提，不能为了追求更好的节能效果，而忽略冻结过程的工艺要求。

冻结间内制冷系统的节能优化就是在满足食品冻结的工艺要求的前提下，寻找使冻结过程耗能最小的蒸发温度和冷风机风量的最优调节方式。

4.2　冻结过程评价指标

为了量化评价食品冻结过程，建立冻结过程评价指标。在冷库的节能优化中，需要使食品冻结过程评价指标满足食品冻结的工艺要求约束。采用食品的冻结时间和冻结速率作为衡量食品冻结质量的指标，使用冻结过程的不均匀度来表征冻结间中不同位置的食品的冻结过程差异。

4.2.1　冻结时间

现有的冷库设计及运行中，通常采用冻结时间来作为食品冻结的工艺标准。在规范中，根据不同的食品、不同的包装形式及不同的进货温度，规定了相应的冻结时间。例如，对于白条肉，当采用一次冻结，进货温度为 35 ℃时，其冻结时间要求为 20 h；当采用二次冻结，进货温度为 4 ℃时，其冻结时间要求为 10 h。而对于有外包装的分割肉，由于其外包装形式及冻结质量要求的不同，其冻结时间要求分别为 20 h、44 h 和 68 h[48]。在传统的冷库运行方式下，冷风机保持运转，冻结间内空气的流场稳定，空气温度在控制系统的作用下保持相对稳定，也就意味着，整个冻结过程中食品的冻结条件保持稳定。在这种情况下，当食品冻结时间满足要求时，就能够保证食品的冻结质量达到一定水平。

4.2.2　冻结速率

在食品冻结的研究中，通常采用冻结速率来衡量食品的冻结质量。一般将食品冻结过程分成三个阶段，预冷阶段、相变阶段和过冷阶段。在预冷阶段，食品以比较高的温度进入冻结间，在冻结间内低温空气的作用下，温度开始下降，此时食品内部的水分并未开始冻结，这部分降温过程并不会影响到食品的冻结质量；直到食品的温度降低到初始冻结温度时，食品内部的水分开始结晶析出，食品冻结进入相变阶段，此时外部冻结条件越好，即温度越低、风速越大，食品的冻结质量越好，当食品的温度降低到－5 ℃时，80％以上的水分都已经冻结成冰；在过冷阶段，食品温度从－5 ℃降低到－15 ℃，剩余的水分完成冻结。将食品热中心(食品内部温度最高的点)从－1 ℃降低到－5 ℃称为食品冻结的最大冰晶生成带，通过试验证明，食品中产生的冰结晶的大小、分布情况与通过最大冰结晶生成区有关。在越短的时间内通过最大冰晶生成区，细胞膜所受到的压力差就越小，细胞就越不会被破坏，食品通过最大冰晶生成带的时间直接决定了食品的冻结质量。

以冻结速率来作为评价食品冻结质量的指标无疑比冻结时间更加准确，更加能够接近冻结质量的本质。在本章计算中，使用食品通过最大冰晶带时间来评价食品冻结速率，作为食品冻结质量的约束条件。

4.2.3 冻结不均匀度

冻结间中不同位置的食品的冻结条件会有差异，冻结质量也会不同，使用冻结的不均匀度来表征这种空间差异。通过对冷库进行 CFD 模拟，可以得到，冻结间内不同位置食品的环境风速的不均匀度较大，而不同位置食品的环境温度的不均匀度相对较小。随着冷风机风量的增加，食品环境风速的不均匀度增大，环境温度的不均匀度减小。食品冻结条件的局部差异造成食品冻结过程的局部差异，食品冻结时间的不均匀度与冻结间内食品环境风速的不均匀度变化趋势相同，而对于冻结速率来说，在冷风机风量较小的时候，其不均匀度的变化趋势与食品环境风速的不均匀度变化趋势相同，而在冷风机风量较大的时候，冻结速率的不均匀度的变化趋势更接近食品的环境温度的不均匀度。

4.3 冻结间内食品冻结过程动态优化模型

冷库可以分为库房系统和制冷系统两个部分，两个系统之间通过蒸发器的传热传质相互作用。冷库内的传热传质如图 4-1 所示[59]：

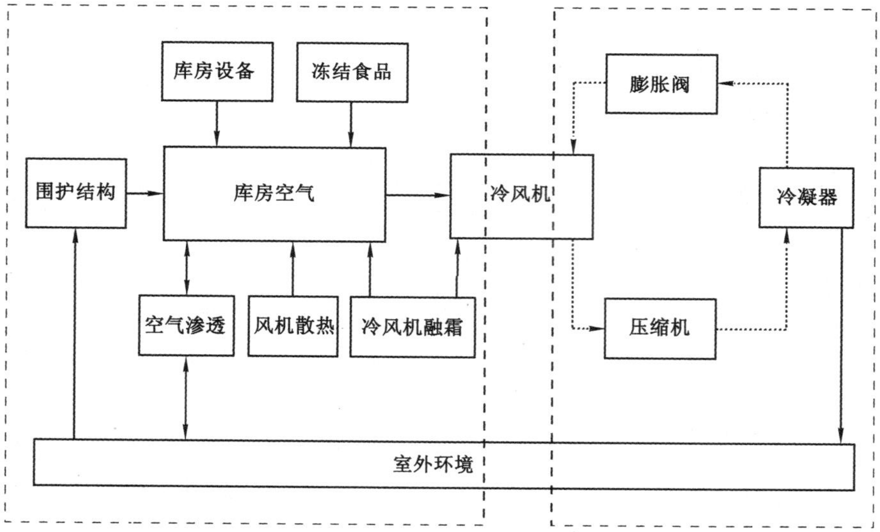

图 4-1 冷库热量传递示意图

图中箭头所示为系统中各部件之间的热量传递过程，可见冷库可以分为两部分，冻结间部分与制冷系统部分，如图中蓝色虚线所示。

在冻结间内食品的冻结过程中，随着食品向冻结间空气的对流放热，食品的温度不断降低，食品内部的水分不断冻结成冰，而冻结间空气一方面得到了食品放热、冷风机运行散热和通过围护结构的传热量，另一方面冷风机内制冷剂蒸发，对冻结间空气进行降温，冻结间空气的温度和相对湿度在整个过程是不断变化的。这样，食品温度、空气温度、湿度等状态变量在整个冻结过程中不断变化，是一个动态过程。而寻找一种最优的运行方式，使食品的冻结质量达到其工艺标准，同时使能耗指标达到最优，就是一个动态优化问题。冻结间内制冷系统的节能优化首先需要写出冻结间各组成部分的动态模型。

4.3.1　冻结间传热模型

冻结间内空气热量传递的动态模型基于冷库各部分之间的传热传质平衡。室外空气通过围护结构与冷库内空气发生热量传递；冻结间内冷风机强制空气循环，空气以一定速度掠过食品表面，对食品进行降温；冷风机运行过程中产生的热量则直接进入冻结间，成为冷库的负荷[100]；由于按批次进货，在进货完毕之后，库门关闭，没有人员出入，同时照明系统关闭，直到冻结完成，所以不考虑冻结间外部空气的渗透、人员和照明的负荷。冻结食品为严密包装的分割肉，在计算过程中忽略食品向空气的湿传递，在上述分析和假设的基础上进行建模。

以第 3 章中满载工况的冻结间为研究对象，冻结间参数见 3.3 节。使用强制空气循环方法对食品进行降温冻结，在冻结间顶部设置 6 组吊顶式冷风机，每组 3 台风机，风机的额定风量为 10 000 m^3/h，则这 6 组冷风机的总风量为 50 m^3/s。当冷风机转速可变时，冷风机的风量小于等于 50 m^3/s。在这个变化范围内，如图 3-23 和图 3-25 所示，食品冻结过程的差异主要由冻结间内食品环境风速的分布差异导致，环境温度的差异对食品冻结过程差异影响很小。因此，在冻结间空气温度的计算中，采用集中参数模型，不考虑冻结间不同位置的空气温度差异。

冻结间内空气的热量传递模型为：

$$M_a \frac{\partial H_a}{\partial \tau} = \sum Q = Q_w + Q_{fan} + Q_m - Q_e \tag{4-1}$$

式中　M_a——冻结间中干空气质量，kg；

H_a——空气焓值，J/kg；

τ——冻结过程时间，s；

Q_w——围护结构负荷，W；

Q_{fan}——冷风机放热负荷，W；

Q_m——食品放热负荷，W；

Q_e——冷风机制冷量，W。

4.3.1.1　围护结构负荷 Q_w

该冷库为土建结构冷库，围护结构的热惰性较大，受外界空气温度和太阳辐射引起的温度波动较小[101]。围护结构模型为：

$$M_w C_w \frac{dT_w}{d\tau} = \alpha_{wo} A_w (T_o - T_w) - \alpha_{wi} A_w (T_w - T_a) \tag{4-2}$$

式中　M_w——围护结构的质量，kg；

C_w——围护结构的质量比热，J/(kg·℃)；

T_a，T_o，T_w——冻结间内空气、室外空气和围护结构的温度，℃；

α_{wo}，α_{wi}——室内外空气与围护结构之间的对流换热系数，W/(m²·℃)；

A_w——围护结构的表面积，m²。

使用下式计算冻结间的围护结构负荷：

$$Q_w = \alpha_{wi} A_w (T_w - T_a) \tag{4-3}$$

4.3.1.2　冷风机的散热负荷 Q_{fan} 与制冷量 Q_e

以第 3 章中满载工况的冻结间为研究对象，该冻结间使用六台吊顶式冷风机强制空气循环，对食品进行降温冻结。每组三台风机，风机的风量为 10 000 m³/h，全压为 220 Pa，功率为 1.1 kW。冷风机名义蒸发面积为 250 m²，制冷量为 35 kW。

工业冷风机的生产厂商经常提供两个额定参数，一是单位负荷系数(Unit Load Factor)，二是冷风机的名义空气流量[102]。单位负荷系数取决于冷风机的盘管大小、盘管形式、名义空气流量以及盘管是否结霜。在特定的冷风机及运行条件(结霜与否以及是否全速运行)下，认为冷风机的单位负荷系数是固定的。使用下式计算全速运行时冷风机与冻结间空气之间的显热换热量[102]：

$$Q'_{es} = U_{LF} \cdot \Delta T_{ae} \tag{4-4}$$

式中　ΔT_{ae}——冷风机入口空气温度 T_{aei} 和蒸发温度 T_e 的差值，℃；

U_{LF}——冷风机全速运行时的单位负荷系数，W/℃；

Q'_{es}——冷风机全速运行时的显热换热量，W。

冷风机的制冷量还需要加上冷风机吸收的潜热量。由显热换热量 Q'_{es} 和冷风机的额定风量 m'_{ae}，计算得到通过冷风机的空气的温度变化，进而计算得到冷风机出口空气的温度 T_{aeo}：

$$T_{aeo} = T_{aei} - \frac{Q'_{es}}{C_a \cdot m'_{ae}} \tag{4-5}$$

式中　T_{aeo}——冷风机出口空气温度，℃；

T_{aei}——冷风机进口空气温度,℃;

m'_{ae}——冷风机的额定风量,kg/s。

设定冷风机出口的空气为饱和状态,由 T_{aeo} 计算得到出口空气焓值 H_{aeo},那么全速运行时冷风机与空气的全热换热量为[103]:

$$Q'_e = m'_{ae}(H_{aei} - H_{aeo}) \tag{4-6}$$

式中　Q'_e——冷风机全速运行时的全热换热量,W。

在冷风机转速可变的情况下,需要对全热换热量进行修正。

使用下式进行修正[104]:

$$Q_e = Q'_e \cdot \left(\frac{Fan_s}{Fan'_s}\right)^{N_e} = Q'_e \cdot \left(\frac{m_{ae}}{m'_{ae}}\right)^{N_e} = Q'_e \cdot F_s^{N_e} \tag{4-7}$$

式中　Q_e——冷风机变速运行时的全热换热量,W;

N_e——系数,取为 0.65;

Fan_s——冷风机的实际转速,r/min;

Fan'_s——冷风机的额定转速,r/min;

m_{ae}——冷风机的实际风量,m^3/h;

F_s——冷风机实际风量与额定风量之比,即冷风机的无因次风量。

冷风机的能耗与冷风机转速的三次方成正比[104],同时,冷风机风量与转速成正比。因此:

$$P_{fan} = P'_{fan} \cdot \left(\frac{Fan_s}{Fan'_s}\right)^3 = P'_{fan} \cdot \left(\frac{m_{ae}}{m'_{ae}}\right)^3 = P'_{fan} \cdot F_s^3 \tag{4-8}$$

式中　P_{fan}——冷风机的实际功率,W;

P'_{fan}——冷风机的额定功率,W。

冷风机完全位于冻结间内部,冷风机运行过程中产生的热量全部进入冻结间成为负荷:

$$Q_{fan} = N_{fan} \cdot P_{fan} \tag{4-9}$$

式中　Q_{fan}——冷风机散热负荷,W;

N_{fan}——冷风机台数;

P_{fan}——单台风机的功率,W。

4.3.1.3　食品负荷 Q_m

本章使用 Lovatt 提出的用于预测食品降温过程负荷的集中参数模型对食品的冻结过程进行模拟[25,26]。该模型将整个冻结过程分成预冷、相变和过冷三个阶段分别计算,忽略食品内部各处温度差异,以食品热中心温度作为食品整体温度,另外使用食品冻结冰峰面距离热中心的距离 δ_f 来模拟食品内部的水分相变，在食品冻结过程的不同阶段分别使用预冷负荷 Q_{chill}、相变负荷 Q_{freeze} 和过冷负荷 $Q_{subcool}$ 计算食品负荷 Q_m。

具体的计算步骤如下[27]：

(1) 计算食品的预冷负荷

$$Q_{chill}=V_m\frac{dH_{mv}}{dt}=\frac{E}{3}\frac{V_m\beta_1^2 k_1}{\delta_X^2}(T_a-T_m) \tag{4-10}$$

式中 V_m——食品的体积，m^3；

H_{mv}——食品的体积焓值，J/m^3；

k_1——食品冻结前的导热系数，W/(m・℃)；

δ_X——食品的特征长度，取食品的一半厚度，m；

E——等效传热维度。

β_1 为冷却边界方程的第一个解：

$$\beta_i\cot\beta_i+(Bi-1)=0 \tag{4-11}$$

式中 Bi——毕渥准则数，$Bi=h_a\delta_X/k_1$。

使用下式计算食品温度 T_m：

$$T_m=\frac{H_{mv}-H_{fv}}{C_1}+T_f \tag{4-12}$$

(2) 计算食品的相变负荷

$$Q_{freeze}=L_m\frac{d\delta_f}{d\tau}\frac{dV_m}{d\delta_f} \tag{4-13}$$

$$\frac{d\delta_f}{dt}=\frac{T_a-T_m}{L_m\delta_f^n\left[\frac{1}{h_a\delta_X^n}-\frac{(\delta_f^{1-n}-\delta_X^{1-n})}{k_s(1-n)}\right]} \tag{4-14}$$

$$\frac{dV_m}{d\delta_f}=N\left(\frac{\delta_f}{\delta_X}\right)^{N-1}\frac{V_m}{\delta_X} \tag{4-15}$$

式中 L_m——食品的相变潜热，J/m^3；

δ_f——食品冻结冰峰面距离食品热中心距离，m；

k_s——食品冻结后的导热系数，W/(m・℃)。

上式中参数 n、N 的计算方法参考文献[25,26]。食品的相变潜热计算如下：

$$L_m=H_{fv}-C_s(T_f-T_{base}) \tag{4-16}$$

如果食品温度高于初始冻结温度 T_f 时，冻结就已经发生，使用下式计算 L_m：

$$L_m=H_{fv}+C_1(T_m-T_f)-C_s(T_f-T_{base}) \tag{4-17}$$

食品温度 T_m 使用下式计算：

$$T_m = T_f \quad \text{if} \quad H_{mv} > H_{fv} \tag{4-18}$$

或者

$$T_m = \frac{(H_{mv} - a) - \sqrt{(H_{mv} - a)^2 - 4bc}}{2b} \text{if} \quad H_{mv} \leqslant H_{fv} \tag{4-19}$$

(3) 计算食品的过冷负荷

食品的过冷负荷 $Q_{subcool}$ 与食品预冷负荷 Q_{chill} 的计算方法相同，只不过需要使用食品的冻后导热系数 k_s 来代替 k_1。

4.3.2　冻结间湿传递模型

冻结间内空气的湿传递模型为：

$$M_a \frac{\partial X_a}{\partial \tau} = -X_{ae} \tag{4-20}$$

式中　X_a——冻结间内空气含湿量，kg/kg；

M_a——冻结间内干空气质量，kg；

X_{ae}——冷风机与空气之间的传湿量，kg/s。

冻结间内空气的温度可由下式计算得到：

$$T_a = \frac{H_a - L_v \cdot X_a}{C_a + C_v \cdot X_a} \tag{4-21}$$

式中　L_v——水蒸气的汽化潜热，J/kg；

C_a——空气等压比热，J/(kg·℃)；

C_v——水蒸气的质量比热，J/(kg·℃)。

由于不考虑食品的散湿以及通过围护结构的空气渗透，库内的空气只与蒸发器之间发生湿传递，利用热湿传递类比来计算湿负荷[105]：

$$X_{ae} = Q_{es} \cdot \frac{X_{aei} - X_{aeo}}{C_a(T_{aei} - T_{aeo})} \tag{4-22}$$

式中　Q_{es}——冷风机实际运行的显热换热量，W；

X_{aei}——冷风机进口空气含湿量，kg/kg；

X_{aeo}——冷风机出口空气含湿量，kg/kg。

4.3.3　冻结过程能耗模型

制冷系统参数的动态变化通常比冻结间空气参数变化快一个数量级，所以，对于制冷系统使用稳态模型计算其能耗。在大多数工业制冷系统中，压缩机消耗掉绝大部分能量。有研究表明，使用关于蒸发温度 T_e 和冷凝温度 T_c 的二阶拟合多项式可以比较准确的计算压缩机的耗能、制冷量、油冷却负荷等数据[102,106]：

$$P_{com}=A_1+A_2\cdot T_c+A_3\cdot T_c^2+A_4\cdot T_e+A_5\cdot T_e^2+A_6\cdot T_e\cdot T_c \tag{4-24}$$

$$Q_{e,com}=B_1+B_2\cdot T_c+B_3\cdot T_c^2+B_4\cdot T_e+B_5\cdot T_e^2+B_6\cdot T_e\cdot T_c \tag{4-24}$$

式中 P_{com}——压缩机能耗，kW；

T_c——冷凝温度，℃；

T_e——蒸发温度，℃；

$Q_{e,com}$——压缩机制冷量，kW；

$A_1\sim A_6$——压缩机能耗计算公式系数；

$B_1\sim B_6$——压缩机制冷量计算公式系数。

以螺杆式压缩机 VSS—451(Vilter)的特性计算压缩机能耗和制冷量，不同蒸发温度和冷凝温度范围下的能耗和制冷量计算公式系数如表 4-1 和表 4-2 所示。

表 4-1 压缩机能耗和制冷量计算公式系数(T_e:−40 ℃～4.5 ℃，T_c:24 ℃～40 ℃)

能耗	A_1	A_2	A_3	A_4	A_5	A_6
	21.18	3.65	1.45×10^{-3}	−1.33	-1.93×10^{-2}	6.25×10^{-2}
制冷量	B_1	B_2	B_3	B_4	B_5	B_6
	983.07	−3.55	-1.65×10^{-2}	33.45	0.32	-8.20×10^{-2}

表 4-2 压缩机能耗和制冷量计算公式系数(T_e:−56 ℃～−12 ℃，T_c:−18 ℃～−1 ℃)

能耗	A_1	A_2	A_3	A_4	A_5	A_6
	51.90	2.15	4.68×10^{-3}	−0.36	-1.02×10^{-2}	2.77×10^{-2}
制冷量	B_1	B_2	B_3	B_4	B_5	B_6
	853.86	−2.82	-4.60×10^{-3}	25.49	0.20	-3.76×10^{-2}

制冷系统的冷凝温度受到系统负荷变化、室外空气参数等因素的影响，假定系统在控制系统的作用下，保持冷凝温度稳定为 30 ℃。当蒸发温度低于−25 ℃时，制冷系统采用双级压缩形式。使用拉赛公式($0.4T_c+0.6T_e+3$)计算中间温度 T_{inter}，对于低压和高压压缩机，分别使用 T_e、T_{inter} 和 T_{inter}、T_c 作为其能耗和制冷量计算公式中的蒸发和冷凝温度。对于双级压缩系统，其制冷量为低压压缩机的制冷量，能耗为高低压压缩机的能耗之和。

实际冷库中通常使用一套制冷系统对多个冻结间进行供冷，制冷系统的运行状态受到所有冻结间的影响，而这里以单个冻结间作为研究对象，无法确定整体制冷系统的运行状态。鉴于此，在能耗与制冷量的计算中不考虑部分负荷工况。通过式(4-23)和(4-24)得到的 P_{com} 和 $Q_{e,com}$，计算工作在蒸发温度 T_e 和冷凝温度 T_c 下的性能系数：

$$\epsilon_R = \frac{Q_{e,com}}{P_{com}} \tag{4-25}$$

式中　ϵ_R——蒸发温度 T_e 和冷凝温度 T_c 下性能系数。

使用冻结间冷风机的实际制冷量与性能系数计算单个冻结间食品冻结过程的能耗：

$$P_{ref} = \frac{Q_e}{\epsilon_R} \tag{4-26}$$

式中　P_{ref}——冻结间食品冻结的压缩机能耗，W。

4.3.4　食品冻结过程动态优化的目标函数

为了便于计算，使用空气的焓值和含湿量作为空气的状态变量，使用食品的焓值和冰峰面距热中心距离 δ_f 作为食品的状态变量，目标函数为整个冻结过程中制冷系统压缩机和冷风机能耗之和，寻求使冻结过程能耗最小的运行方式。

$$\min \sum W = W_{ref} + W_{fan} = \int_0^{\tau_f} P_{ref} \mathrm{d}t + \int_0^{\tau_f} N_{fan} P_{fan} \mathrm{d}t \tag{4-27}$$

4.4　求解动态优化问题的迭代动态规划算法

冻结间制冷系统节能优化问题所涉及到的动态系统是以非常复杂的非线性微分方程组来表示的，对于这种非线性的多维系统，有效地寻找其全局最优解是比较困难的，本书选择使用迭代动态规划算法来求解。

迭代动态规划算法[107-109]是解决非线性系统全局动态优化问题和实际工业生产系统优化控制问题的有效方法。迭代动态规划算法基于贝尔曼最优性原理[110]，即在多级决策过程中，不论初始级、初始状态和初始决策是什么，当把其中的任何一级和状态作为初始级和初始状态时，余下的决策都是最优决策。迭代动态规划将动态系统从空间和时间两个角度进行离散，使对应于离散后的不同时间段内的所有状态变量被离散成一组网格，在每一时间段应用不同的控制变量可行值进行计算，找到使目标函数达到最优的控制策略。迭代动态规划算法具有易实现、强鲁棒性、不需要系统的微分方程、不涉及难以求解的非线性规划等优点，迭代动态规划算法引起了大量学者的关注和研究，已经在很多领域得到了应用[72]。迭代动态规划算法的计算步骤如下[72]：

① 将动态过程的时间区间$[0,\tau_f]$离散为 P 个等分阶段，单个时间段长度为 $\tau_{per}=\tau_f/P$。

② 由 P 个阶段的控制变量初始值 u^0，在每个阶段生成 N 个控制变量平均分布在 u^0 附近控制域 r 内，构成 $N\times P$ 维的控制变量初始矩阵 $U(N,P)$。

③ 使用控制变量初始矩阵 U 中的元素作为控制变量值，以 x_0 为初始状态值，应用状态方程计算得到每个时间段的状态变量值，得到 $N\times P$ 个状态网格点 $X_0(N,P)$。

④ 从最后一个阶段 P 开始，对应的时间区间从 $\tau_f-\tau_{per}$ 到 τ_f。对于每个网格点使用 M 个可行的控制变量值(若有 m 个控制变量，则有 M^m 个可行控制变量值)，分别代入状态方程，得到 τ_f 时刻的目标函数 J。选择使目标函数最优的可行控制变量 u，存储该控制变量为下一步使用。

⑤ 退后到 $P-1$ 时间段，对应的时间区间从 $\tau_f-2\tau_{per}$ 到 $\tau_f-\tau_{per}$。对于每个网格点用 M(或者 M^m)个可行的控制变量值，代入状态方程从 $\tau_f-2\tau_{per}$ 计算到 $\tau_f-\tau_{per}$，得到 $\tau_f-\tau_{per}$ 时刻的状态变量值。选择第 4 步获得的最近网格点对应的控制变量，继续代入状态方程从 $\tau_f-\tau_{per}$ 计算到 τ_f，得到 τ_f 处对应的目标函数 J，对于每个网格点选择使目标函数最优的可行控制变量 u。

⑥ 对于 $P-2$、$P-3$、…、1 重复以上的过程，每个网格点保存使目标函数 J 为最优的对应控制策略 u，并比较 $\tau=0$ 时刻 N 个网格点对应的目标函数 J，找到使目标函数最优的控制策略作为最优控制策略 u^*。

⑦ 使用缩减因子 a 缩小可行控制变量的区域，$r^{i+1}=a*r^i$(i 为迭代次数)。

⑧ 使用第 6 步获得最优控制策略 u^* 作为控制变量初始值，增加迭代指数为 $i+1$，转到第 2 步，继续进行上述迭代过程，直到找到满足精度的最优控制策略，使先后两次迭代计算的目标函数之差小于设定误差。

动态迭代规划算法的离散过程如图 4-2 所示[71]：

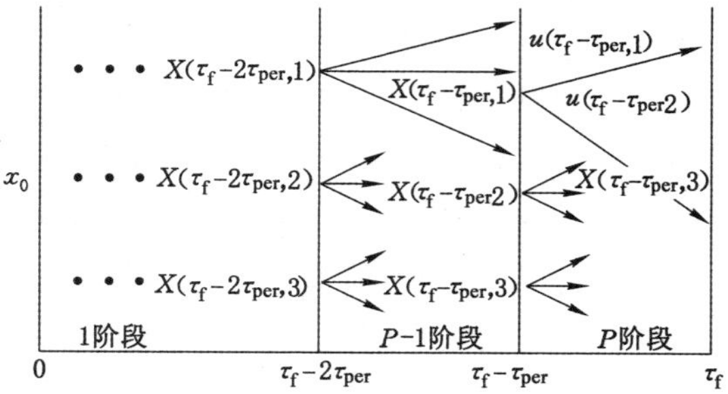

图 4-2　迭代动态规划算法示意图($N=3,M=3$)

可以看到，迭代动态规划方法从整个动态过程最后一个时间分段开始计算。

首先计算最后一个时间分段的最优控制策略，然后从后向前逐个阶段求解[111]，每个时间分段的求解都是在已经得到的其后各个分段的最优控制策略的基础上进行的。

4.5　基于食品冻结时间约束的动态优化

对于食品冻结来说，为了保持食品的冻结质量，一般要求冻结过程在固定的冻结时间内完成，即在冻结终止时间 τ_f，食品的热中心温度 $T_m(\tau_f)$ 达到 −15 ℃。采用罚函数方法构造增广的目标函数[68,107,112]：

$$\min\sum W = W_{ref} + W_{fan} + F(T_m(\tau_f)) \tag{4-28}$$

在迭代动态规划方法中有广泛的惩罚函数项可以选择，并不要求罚函数必须是可微的，一般选择如下函数：

$$F(x(\tau_f)) = \sum_{i=1}^{m}\theta_i \cdot [x_i(\tau_f) - s_i]^2 \tag{4-29}$$

式中　s_i——状态变量 x_i 的目标值；

θ_i——惩罚因子。

算法的收敛速度受到惩罚因子的影响，需要对程序进行反复的测试，选择合适的惩罚因子。

使用食品的焓值 H_m 代替 T_m 作为状态变量，其约束条件为，在规定的时间 τ_f 内，食品焓值下降到食品 −15 ℃时的焓值 $H_{m,-15\ ℃}$，最终的目标函数为：

$$\min\sum W = \int_0^{\tau_f} P_{ref}\mathrm{d}t + \int_0^{\tau_f} N_{fan}P_{fan}\mathrm{d}t + \theta_m \cdot [H_m(\tau_f) - H_m, -15\ ℃]^2 \tag{4-30}$$

在本章的研究中，以冻结间内纸盒包装食品的冻结为研究对象，设定食品冻结的初始温度为 10 ℃，当食品温度下降到 −15 ℃时冻结完成。冻结时间约束要求平均环境风速下的纸盒包装食品在 44 h 之内完成冻结。

4.5.1　基于食品冻结时间的最优传统运行方式

通过控制制冷系统蒸发温度和冷风机风量能够控制冻结间内的空气温度和空气流速，进而调节冻结间内食品的冻结条件，从而达到控制食品冻结过程的目的。在传统的冷库运行方式下，在整个冻结过程中，通过压缩机的加载卸载保持蒸发温度在小范围内波动，对于冷风机，不进行变频调节，在整个冻结过程中保持最大风量运行，即无因次风量为 1。此时，为保证平均环境风速下纸盒包装食品在 44 h 内完成冻结，需要保持蒸发温度为 −31.3 ℃，整个冻结过程能耗为 1.11×10^{10} J。图 4-3 是在上述运行方式下冷库内的空气温度、食品温度以及蒸发温度的变化情况。

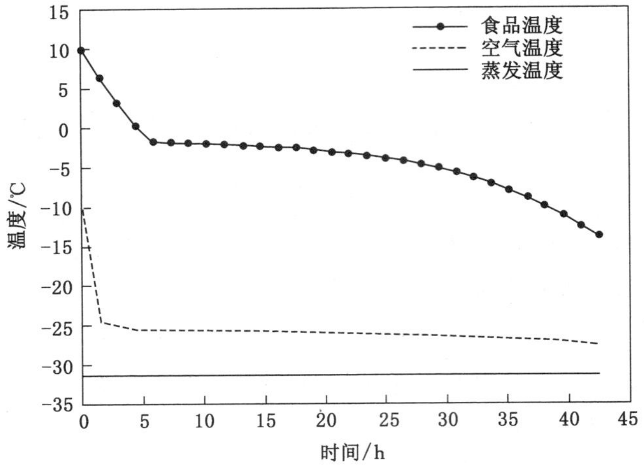

图 4-3　传统运行方式下的冻结过程

在相同的冻结时间约束下，所需的冷风机风量与蒸发温度的关系如图 4-4 所示。可以看到，制冷系统蒸发温度越低，所需的冷风机风量越小。随着制冷系统蒸发温度的降低，一方面制冷系统 COP 值降低，制冷效率减小；另一方面，冷风机的能耗及冷风机放热负荷都会减小。制冷蒸发温度和冷风机风量之间存在一个最优组合，使冻结过程能耗最小。

冻结过程的能耗如图 4-4 所示，可以看到随着蒸发温度的降低和冷风机风量的减少，冻结过程的能耗先减少后增大，存在一个极小值点。当蒸发温度为 -36 ℃，冷风机的无因次风量为 0.405 时，冻结过程的能耗最小，为 6.687×10^9 J。可以看到，在蒸发温度与冷风机风量最优组合这种方式下运行，在相同的时间内完成冻结，将比冷风机最大风量运行节能 39.77%。

可以看到冷风机的放热对食品冻结过程的能耗影响很大，一方面冷风机自身耗能，另一方面，冷风机的放热成为冻结间的热负荷，进一步消耗掉制冷系统的冷量。而在冷库设计时，往往根据规范规定的风速，确定食品表面的对流换热系数，然后根据所需的冻结时间确定冻结间内需要保持的空气温度值，进而确定蒸发温度。而实际上，冻结间空气的风速和温度共同构成了食品的冻结条件，达到同样的冻结效果，风速和温度可以有无数种组合，而只有一种组合是最节能的，采用这种最优组合可以很大程度上降低冻结间内食品冻结过程的能耗。

4.5.2　基于食品冻结时间的冷风机风量不变时的动态优化

当冷风机风量在整个冻结过程中保持不变，而不进行调节的时候，寻找蒸发

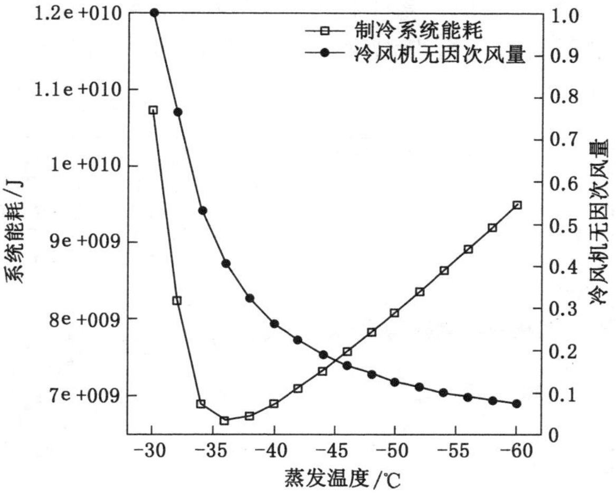

图 4-4　满足冻结时间时传统运行方式的能耗

温度的最优运行方式，使整个冻结过程的能耗最小，同时满足冻结过程的终值约束。当冷风机保持全速运行，最优的蒸发温度运行方式及其相应的冻结过程如图 4-5 所示，可以看到最优的蒸发温度运行方式与食品降温曲线有相似的趋势，但波动幅度更大。

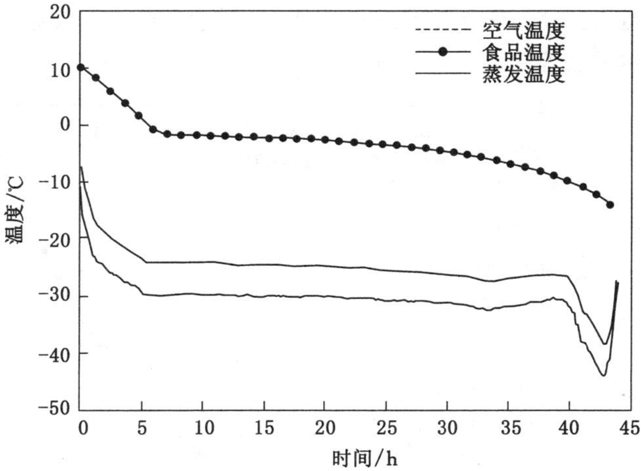

图 4-5　满足冻结时间下保持冷风机全速运行情况下的蒸发温度最优运行方式

对于每个固定的冷风机风量 F_s，都可以计算出一个冻结过程中最优的蒸发温度运行方式。当冷风机无因次风量取 0.1～1 范围内不同的数值，并在整个过程中保持不变时，分别计算该风量下的蒸发温度最优运行方式，如图 4-6 所示，可以看到所有风量下的最优蒸发温度运行方式都跟食品降温曲线具有类似的趋势。

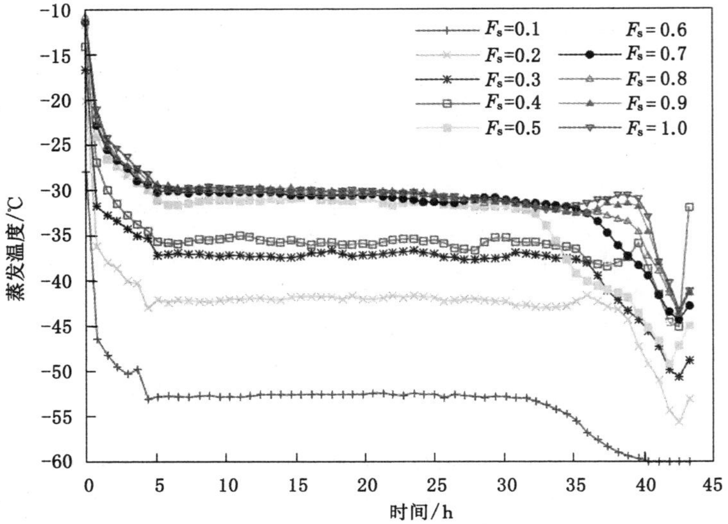

图 4-6　满足冻结时间下保持冷风机不同风量情况下的蒸发温度最优运行方式

在上述运行方式下，冻结过程的系统能耗及食品通过最大冰晶生成带的时间与冷风机风量的关系如图 4-7 所示。

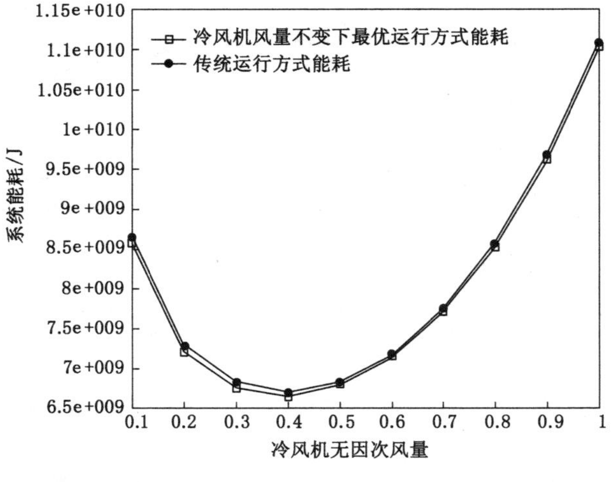

图 4-7　满足冻结时间下保持冷风机风量不变时最优运行方式的能耗及冻结速率

通过与传统运行方式的对比，可以看到，保持冷风机风量不变的情况下，在冻结过程中调节蒸发温度能够达到的节能效果很小。在传统运行方式的基础上，如果要达到相同的冻结时间，那么如果在某一阶段提高蒸发温度，必然要在其他阶段降低蒸发温度，冻结时间约束的存在使冻结过程的能耗保持相对一致。另外，在冻结速率上可以观察到小幅的波动，说明在冻结条件稳定的条件下，保证食品的冻结时间，基本可以保证食品的冻结质量。

4.5.3　基于食品冻结时间的蒸发温度不变时的动态优化

当蒸发温度在整个冻结过程中保持不变，而不进行调节的时候，寻找冷风机风量的最优调节方式，使整个冻结过程的能耗最小，同时满足冻结时间的限制。当蒸发温度保持为－32 ℃的时候，最优冷风机风量调节方式及其相应的冻结过程温降如图 4-8 所示，可以看到最优冷风机风量调节方式在冻结过程中缓慢降低。

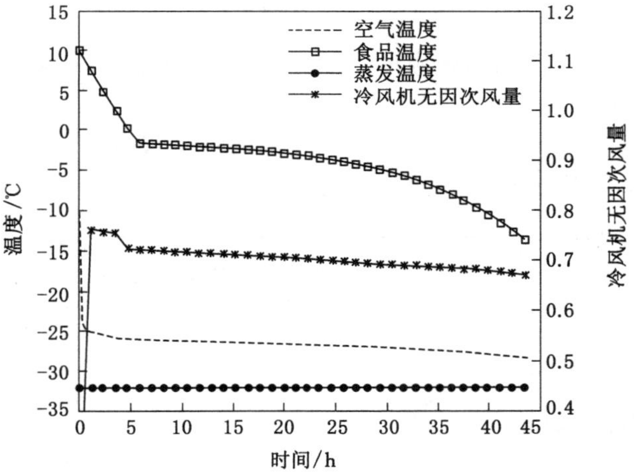

图 4-8　满足冻结时间时，保持蒸发温度－32 ℃时的冷风机风量调节方式

对于每个蒸发温度数值，当整个冻结中保持该蒸发温度不变，都可以优化计算得到一个最优的冷风机风量调节方式，使能耗最小，同时满足冻结时间约束。当蒸发温度保持在－32 ℃～－60 ℃范围内不同的数值时，分别计算该蒸发温度下冷风机风量的最优运行方式，如图 4-9 所示，可以看到不同蒸发温度下的冷风机风量最优运行方式具有一致的变化趋势，都会在冻结初期有突然跃升，在其余时间内缓慢下降。

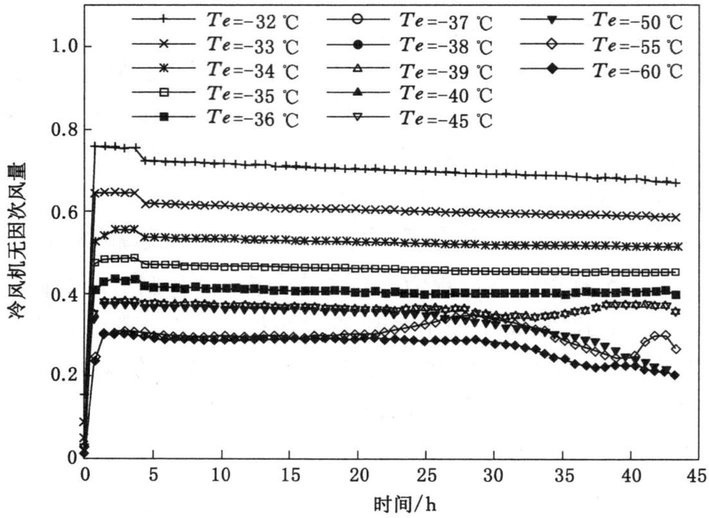

图 4-9　满足冻结时间时，保持不同蒸发温度时的冷风机风量调节方式

在上述运行方式下，冻结过程能耗及冻结速率如图 4-10 所示，可以看到蒸发温度不变的条件下，使用冷风机风量的最优运行方式的节能效果并不明显。

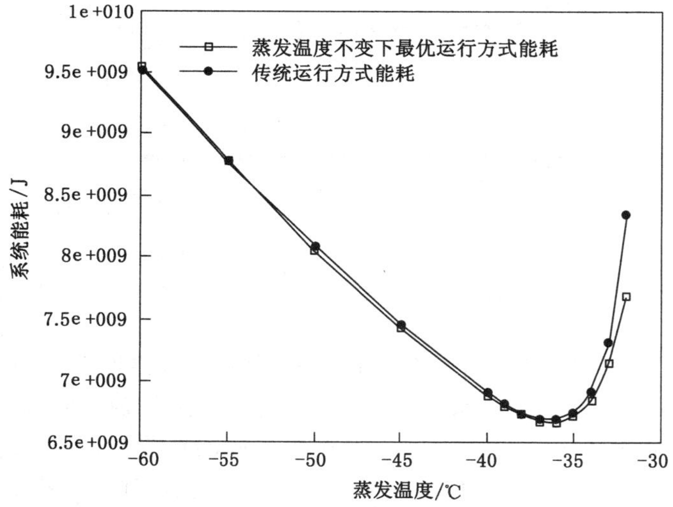

图 4-10　满足冻结时间时，保持不同蒸发温度不变时最优运行方式的能耗及冻结速率

4.5.4　基于食品冻结时间的蒸发温度和冷风机风量的动态优化

在蒸发温度和冷风机风量同时可变的条件下，计算满足冻结时间的最优运行方式，如图 4-11 所示。

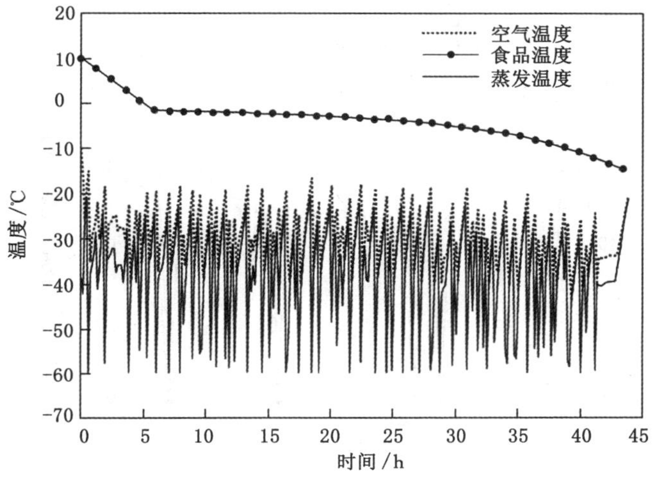

图 4-11　满足冻结时间时，蒸发温度和冷风机风量同时可变时的最优运行方式

从图中可以看到，蒸发温度和冷风机风量都可以改变的时候，蒸发温度不断上下大幅度波动，冻结间空气也相应的小范围波动。在这种运行方式下，完成冻结的能耗为 5.19×10^{9} J，相对于 44 h 完成冻结的最优传统运行方式，能够节能 22.39%。

取冻结过程中从第 10 h 到 15 h 时间段作为研究对象，该时间段内蒸发温度和冷风机风量的最优运行方式如图 4-12 所示。可以看到，在冻结过程中，蒸发温度和冷风机风量不断上下波动，两者波动的频率完全一致，蒸发温度高的时候，冷风机风量大，蒸发温度低的时候，冷风机风量小。因为冷风机的放热是制冷系统负荷的一部分，只有当冷风机的大负荷出现在蒸发温度较高的时候，冷风机放热所造成的制冷机组能耗才较小，因为此时的 COP 值较大；而当蒸发温度较低，冷风机的大负荷必然造成很大的制冷机组能耗，能耗的要求使此时的冷风机风量必须降低。所以蒸发温度和冷风机风量的波峰和波谷出现的时间一致，这是目标函数中最小能耗的要求。另一方面，由于冻结时间的约束，上述的高蒸发温度大冷风机风量和低蒸发温度小冷风机风量，单一的任何一种方式都无法满足冻结时间的约束，必然要求使整个过程中蒸发温度和冷风机风量不断的在上述两种情况中转换。这种最优的运行方式，虽然有很大的节能潜力，但是实现起来非常困难，不具有实用价值。必须在能耗和冻结时间约束的基础上加入其他的约束，例如使蒸发温度和冷风机风量在一段时间内固定不变，才具有实用价值。

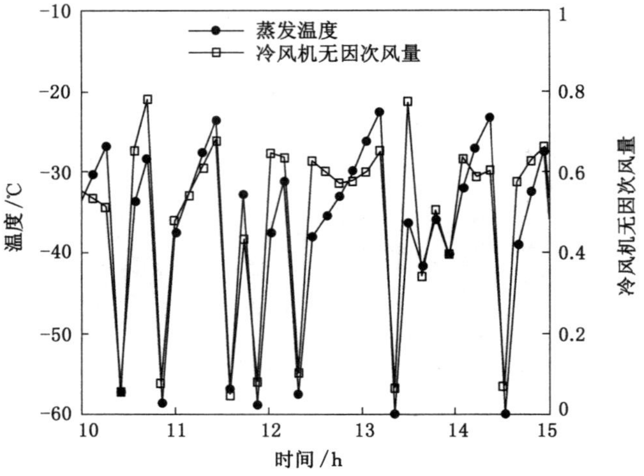

图 4-12　10 h 到 15 h 之间的蒸发温度和冷风机风量的最优运行方式

4.6　不同冻结时间约束下的最优传统运行方式

对于传统运行方式来说，在固定的冻结时间约束下，存在一个蒸发温度和冷风机风量的组合，使整个冻结过程的能耗最小。那么，在不同的冻结时间下，都可以求出一个最优的组合，使满足该冻结时间情况下的冻结过程能耗最小。当冻结时间约束从 20 h 增加到 90 h，上述蒸发温度和冷风机风量的最优组合如图 4-13 所示。

冻结时间约束不同时最优控制方式的能耗和冻结速率如图 4-14 所示：

从图 4-14 可以看到，随着约束时间的增加，完成食品冻结所耗费的能量越少，系统越节能，但另一方面，食品通过最大冰晶生成带的时间越长，食品的冻结速率越慢，冻结质量越差。在传统运行方式下，如果为了追求冻结过程的节能，把冻结时间延长，必然导致食品的冻结质量下降。

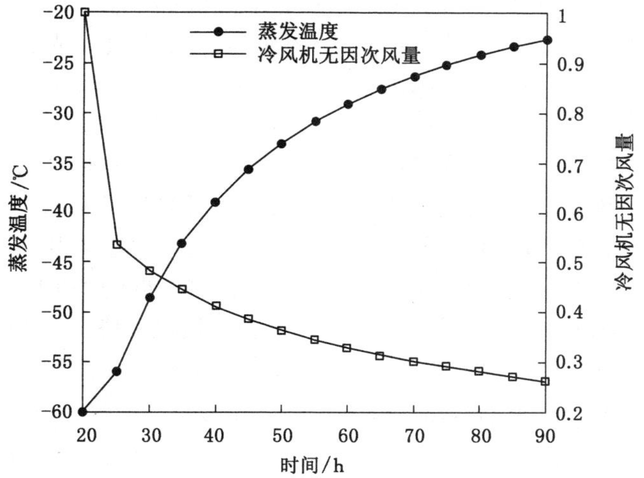

图 4-13　冻结时间约束不同时的最优传统运行方式

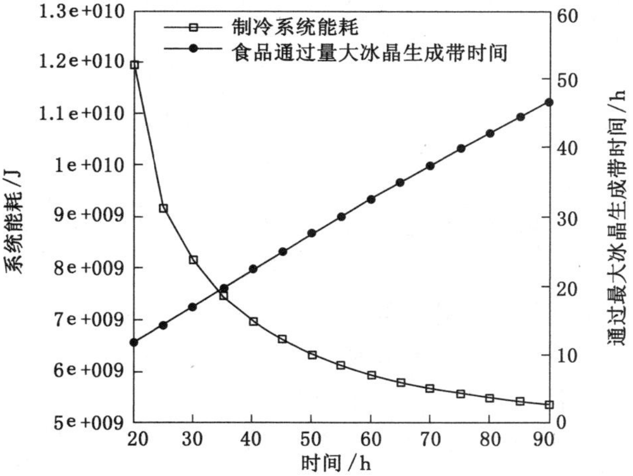

图 4-14　冻结时间约束不同时最优传统运行方式的能耗及冻结速率

4.7　基于食品冻结速率约束的动态优化

为了最大限度的达到节能的效果，同时保证食品的冻结质量，以食品的冻结速率作为动态优化的目标函数，这样，虽然无法保证冻结时间，但食品的冻结质量不受影响，同时能够达到更好的节能目标。

使用食品冻结通过最大冰晶生成带的时间来作为食品冻结速率的指标，只要保证食品降温过程通过－1 ℃～－5 ℃的时间，即保证了食品通过最大冰晶生成带的时间，就能够使食品的冻结速率达到要求。将食品的冻结过程分成三个阶段10 ℃～－1 ℃、－1 ℃～－5 ℃、－5 ℃～－15 ℃，设定一个总体的冻结时间 τ_f，同时使第二阶段的完成时间满足冻结速率所要求的时间，那么其余两个阶段的可用时间就确定了，设定三个阶段分段点的时刻分别为 τ_{f1} 和 τ_{f2}，不断调整这两个阶段各自消耗的时间，寻找使这三个阶段的总体能耗 W 最优的运行方式。以10 ℃和－1 ℃时食品的焓值作为第一阶段的初始焓值和终值焓值，以－1 ℃和－5 ℃时食品的焓值作为第二阶段的初始焓值和终值焓值，以－5 ℃和－15 ℃时食品的焓值作为第三阶段的初始焓值和终值焓值。在三个阶段内，分别以冻结过程能耗与终值约束组成的复合函数作为目标函数：

$$\min \sum W_1 = \int_0^{t_{f1}} P_{\mathrm{ref}} \mathrm{d}t + \int_0^{\tau_{f1}} N_{\mathrm{fan}} \cdot P_{\mathrm{fan}} \mathrm{d}t + \theta_m \cdot [H_m(\tau_{f1}) - H_{m,-1℃}]^2 \tag{4-31}$$

$$\min \sum W_2 = \int_{\tau_{f1}}^{\tau_{f2}} P_{\mathrm{ref}} \mathrm{d}t + \int_{\tau_{f1}}^{\tau_{f2}} N_{\mathrm{fan}} \cdot P_{\mathrm{fan}} \mathrm{d}t + \theta_m \cdot [H_m(\tau_{f2}) - H_{m,-5℃}]^2 \tag{4-32}$$

$$\min \sum W_3 = \int_{\tau_{f2}}^{\tau_f} P_{\mathrm{ref}} \mathrm{d}t + \int_{\tau_{f2}}^{\tau_f} N_{\mathrm{fan}} \cdot P_{\mathrm{fan}} \mathrm{d}t + \theta_m \cdot [H_m(\tau_f) - H_{m,-15℃}]^2 \tag{4-33}$$

式中 W_1——冻结过程第一阶段的目标函数；
W_2——冻结过程第二阶段的目标函数；
W_3——冻结过程第三阶段的目标函数；
$H_{m,-1℃}$——食品温度－1 ℃时的焓值，J/kg；
$H_{m,-5℃}$——食品温度－5 ℃时的焓值，J/kg；
$H_{m,-15℃}$——食品温度－15 ℃时的焓值，J/kg；
θ_m——惩罚因子。

由于冻结速率的要求，第二阶段所要求的时间固定，以传统运行方式下44 h完成冻结时的冻结速率为标准，那么需要在23.76 h之内完成第二阶段的冻结。不断调整 τ_{f1} 和 τ_{f2}，调整第一和第三阶段所消耗的时间，使冻结过程总体的能耗最小：

$$\min \sum W = \sum (W_1 + W_2 + W_3) \tag{4-34}$$

4.7.1 基于食品冻结速率的冷风机风量不变时的动态优化

当冷风机风量在整个冻结过程中保持不变，寻找蒸发温度的最优运行方式，使整个冻结过程的能耗最小，同时满足食品的冻结速率约束。设定食品冻结过程总体的时间 τ_f 为 50 h，当冷风机无因次风量保持为 0.2 的时候，最优的蒸发温度运行方式及其相应的冻结过程温降如图 4-15 所示，可以看到，为了满足食品的冻结速率约束，第二阶段的蒸发温度要比其他时刻的蒸发温度更低。

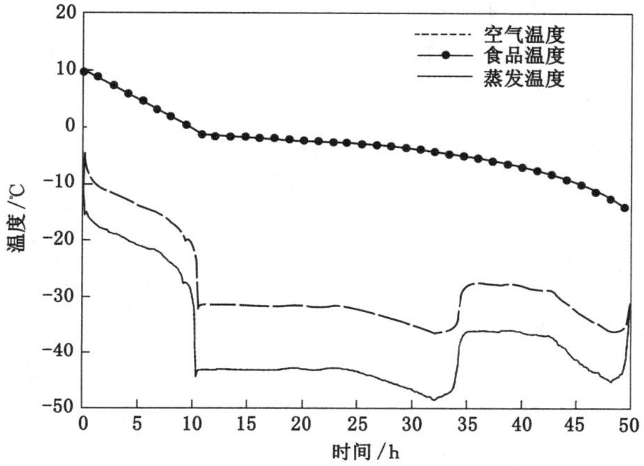

图 4-15　满足冻结速率约束时，保持 F_s＝0.2 不变的蒸发温度运行方式

对于不同的冷风机风量，当在整个冻结过程中保持这个风量的数值不变时，都可以计算得到该冷风机风量下的蒸发温度最优运行方式，使能耗最小，同时满足冻结速率约束。当冷风机无因次风量从 0.2 增大到 0.6 时，每个风量下的蒸发温度最优运行方式如图 4-16 所示。可见不同冷风机风量下的蒸发温度最优

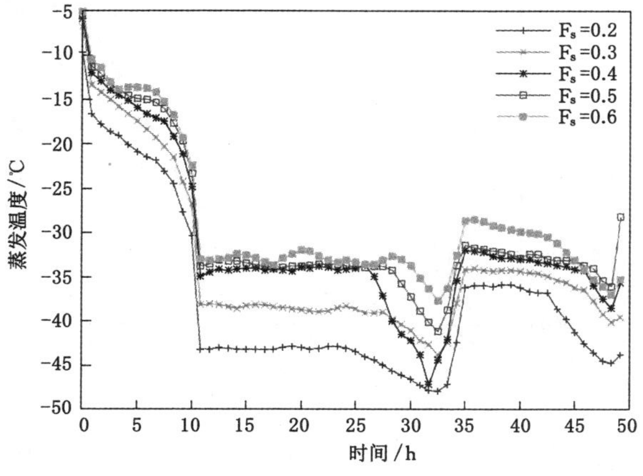

图 4-16　满足冻结速率约束时，保持不同冷风机风量时的蒸发温度最优运行方式

运行方式都具有相似的趋势。

在满足冻结速率约束的前提下，改变冻结时间约束的数值，设定冻结时间约束从 50 h 增加到 80 h，分别计算出每个冻结时间约束下，保持不同冷风机风量时的蒸发温度运行方式，从而计算得到其相应的能耗和冻结速率。如图 4-17 所示，可见不同冻结时间下，都具有一个最小的冻结过程能耗。当冻结时间为 70 h，冷风机风量保持为 0.3 时，能耗达到最小，为 6.197×10^{9} J，相对于 44 h 完成冻结的最优传统运行方式，能够节能 7.33%。

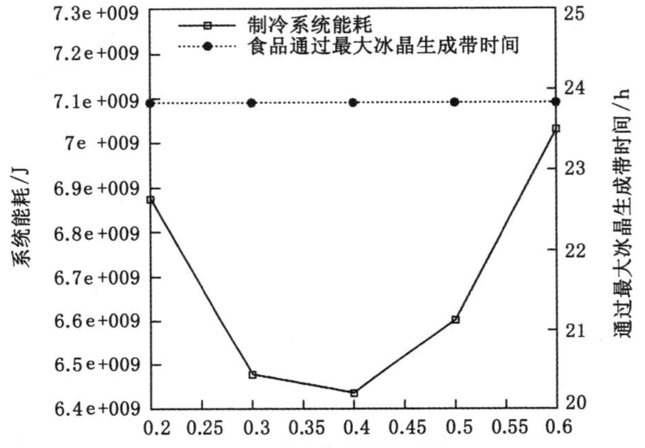

(a) 冻结时间为50 h

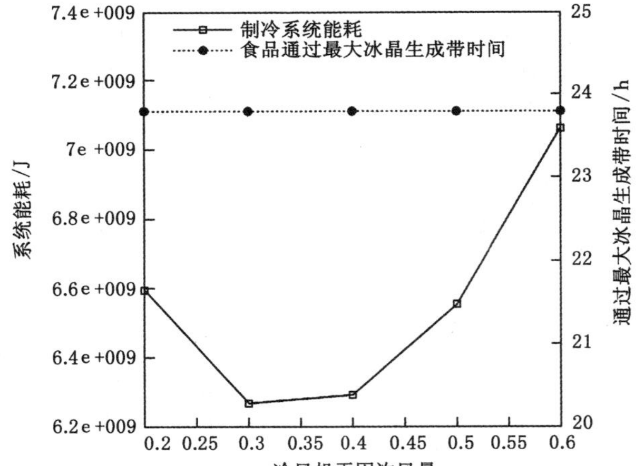

(b) 冻结时间为60 h

图 4-17　满足冻结速率条件下冷风机风量不变时最优运行方式能耗与冻结速率

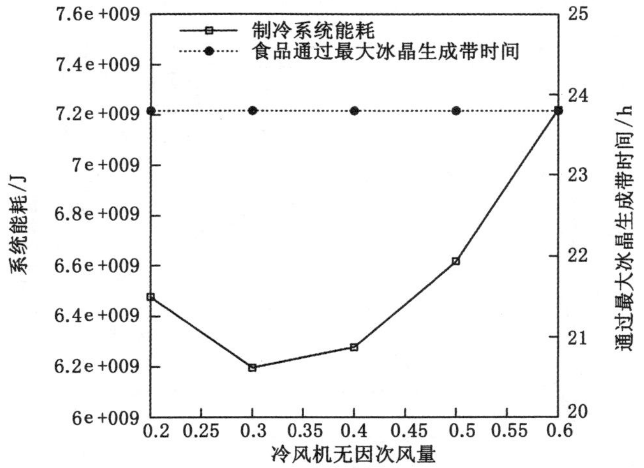

(c) 冻结时间为70 h

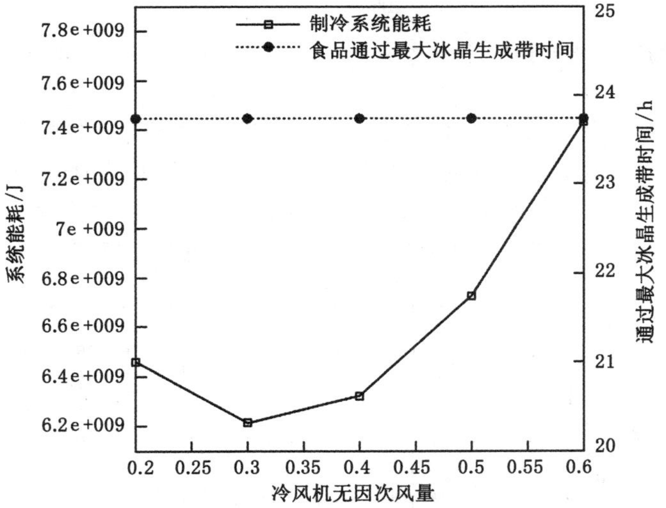

(d) 冻结时间为80 h

图 4-17(续)

4.7.2　基于食品冻结速率的蒸发温度不变时的动态优化

当蒸发温度在整个冻结过程中保持不变，寻找冷风机风量的最优运行方式，使整个冻结过程的能耗最小，同时满足食品的冻结速率约束。当蒸发温度保持为－32.5 ℃的时候，最优的冷风机风量运行方式及其相应的冻结过程如图 4-18 所示，可以看到，虽然蒸发温度在冻结过程中不变，但是由于冷风机风量的调节，使冻结间的空气温度同样具有中间低两边高的趋势。

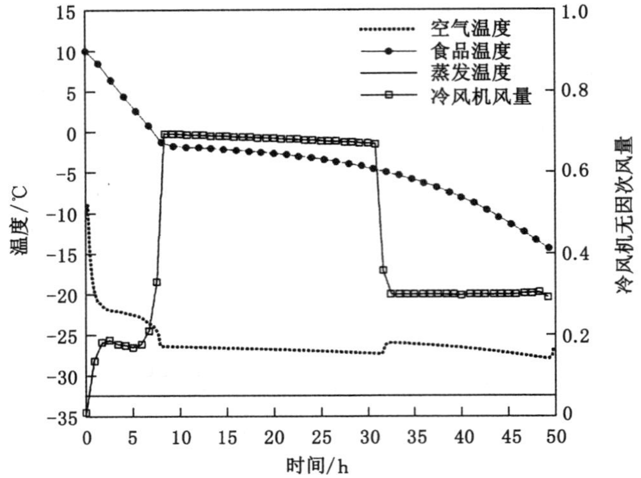

图 4-18 满足冻结速率约束时,保持 $T_e = -32.5$ ℃不变时的冷风机风量最优运行方式

对于不同的蒸发温度,当在整个冻结过程中保持这个蒸发温度不变,都可以计算得到该蒸发温度下的冷风机风量的最优运行方式,使能耗最小,同时满足冻结速率约束。当蒸发温度从－32.5 ℃降低到－45 ℃时,每个蒸发温度下的冷风机风量最优运行方式如图 4-19 所示,可以看到,跟蒸发温度相反,为了满足冻

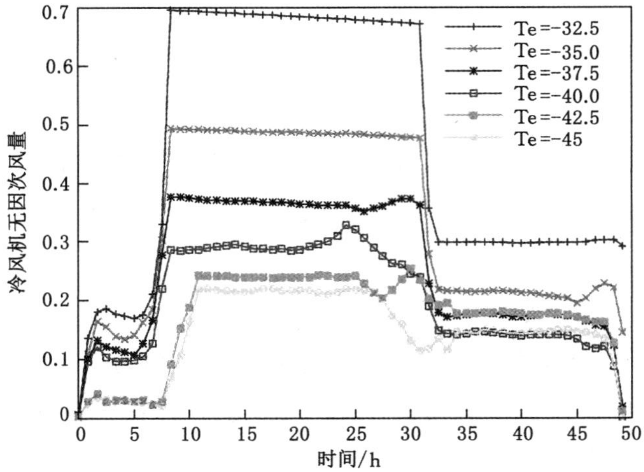

图 4-19 满足冻结速率约束时,保持不同蒸发温度不变时的冷风机风量最优运行方式

结速率约束，第二阶段的冷风机风量更大，其余时间的风量则小很多。

在满足冻结速率约束的前提下，改变冻结时间约束的数值，设定的冻结时间约束从 50 h 增加到 80 h，分别计算出每个冻结时间约束下，保持不同蒸发温度时的冷风机风量运行方式，从而计算得到其相应的能耗和冻结速率。如图 4-20 所示，可以看到，当在冻结过程中保持蒸发温度不变，对冷风机风量进行优化运行时，节能效果并不明显，当冻结时间约束为 50 h，相对于 44 h 完成冻结最优传统运行方式，节能 1.3%，而且整体的冻结时间越长，耗能越大。

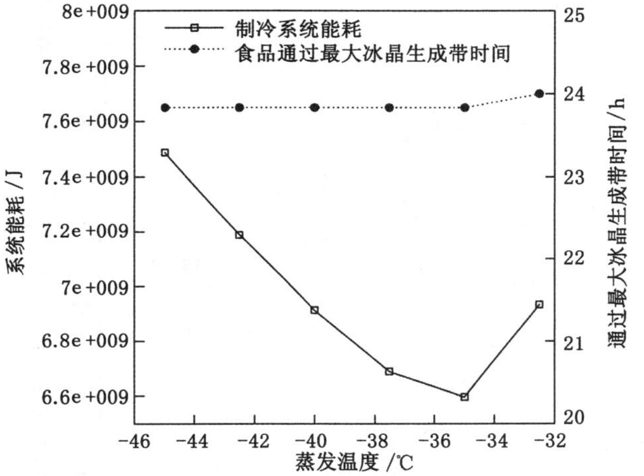

(a) 冻结时间为50 h

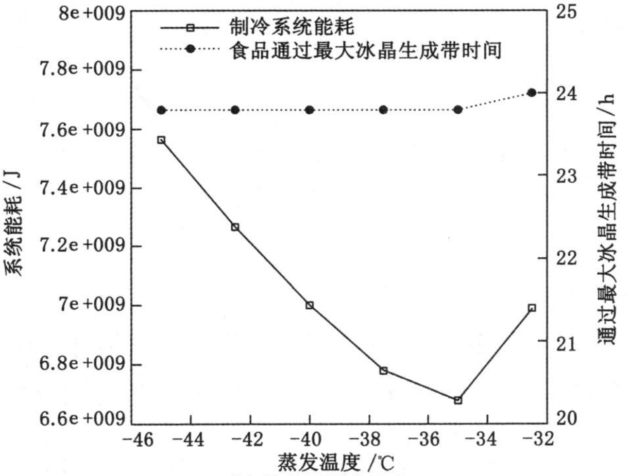

(b) 冻结时间为60 h

图 4-20　满足冻结速率条件下蒸发温度不变时最优运行方式能耗与冻结速率

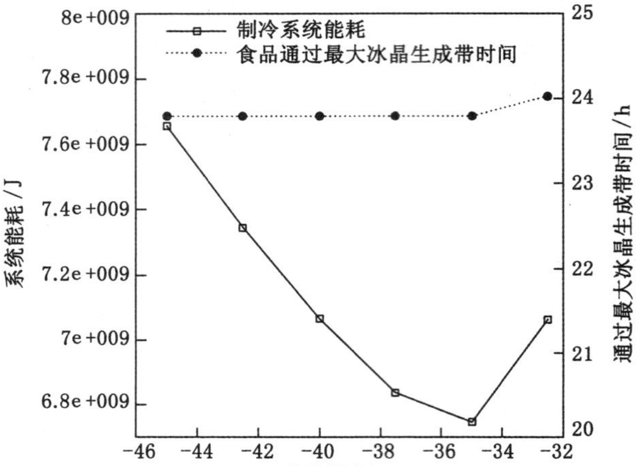

(c) 冻结时间为70 h

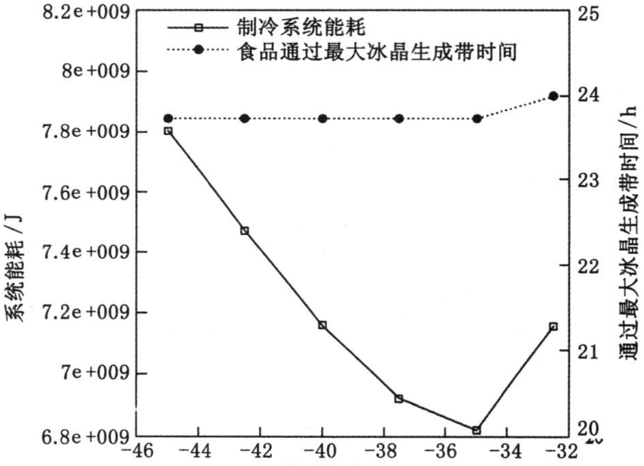

(d) 冻结时间为80 h

图 4-20(续)

4.7.3 基于食品冻结速率的蒸发温度和冷风机风量的动态优化

当蒸发温度和冷风机风量在整个冻结过程中都可以改变时，在满足冻结速率的前提下，分别计算这两个控制变量的最优运行方式。

当设定的冻结时间为 50 h 时，其最优运行方式如图 4-21 所示，可以看到，满足冻结速率约束的最优运行方式具有和满足冻结时间约束类似的趋势，蒸发温度和冷风机风量在整个冻结过程中都会大幅度的波动。

取冻结过程中第 10 h 到 15 h 时间段作为研究对象，其蒸发温度和冷风机

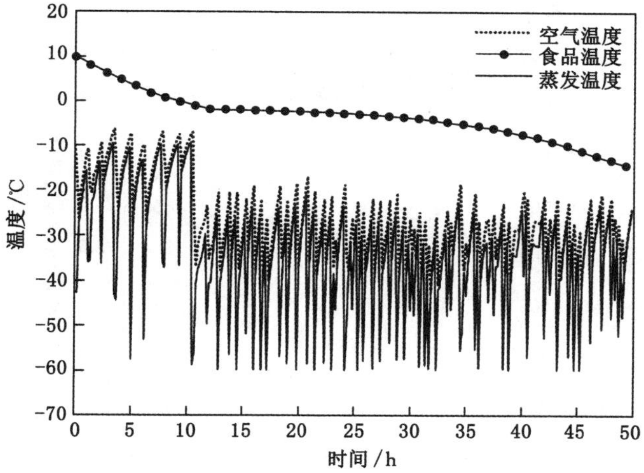

图 4-21 满足冻结速率约束，在 50 h 内完成冻结的最优运行方式

风量如图 4-22 所示，蒸发温度和冷风机风量波动的特点跟满足冻结时间优化得到的结果相同。

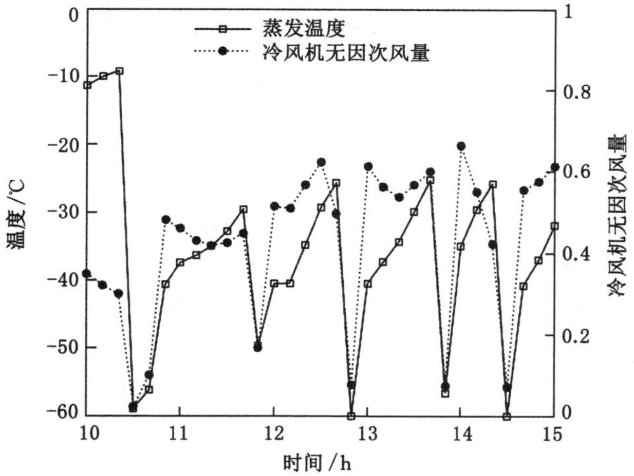

图 4-22 10 h 到 15 h 之间的蒸发温度和冷风机风量的最优运行方式

当冻结时间约束从 50 h 增加到 80 h，其最优运行方式下的食品冻结过程能耗和冻结速率如图 4-23 所示，冻结过程的耗能随着设定冻结时间而逐渐减小，当设定冻结时间为 80 h 时，相对于 44 h 完成冻结的最优传统运行方式，节能 36.44%。这种运行方式具有更好的节能效果，但是不具有实用价值，需要增加

其他的约束条件，得到更可行的运行方式。

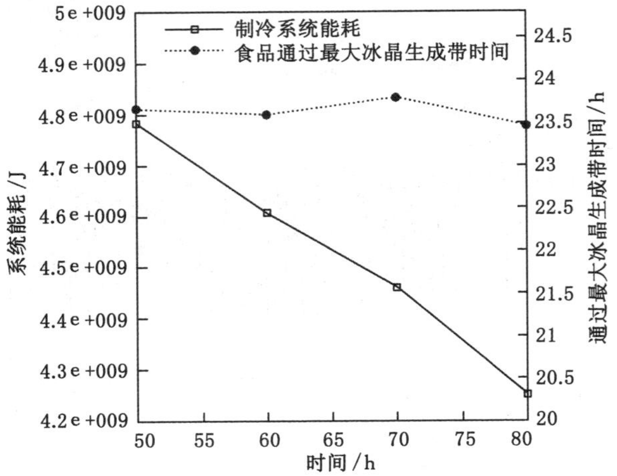

图 4-23　满足冻结速率约束时，最优运行方式下的能耗和冻结速率

4.8　各种优化运行方式的比较

综上所述，对于系统蒸发温度和冷风机风量不变的传统运行方式，存在蒸发温度和冷风机风量的最优组合，使冻结过程的能耗最小，这种组合就是最优传统运行方式。基于此，分别以食品冻结时间和冻结速率为约束条件，得到基于冻结时间和基于冻结速率的两类运行方式，并与最优传统运行方式的能耗进行对比。综合上述优化结果，各种运行方式的能耗如图 4-24 所示。

在基于冻结时间的运行方式中，相对于最优传统运行方式，单独调节系统蒸发温度或冷风机风量，优化结果的节能潜力很小，不具有实用价值。而在系统蒸发温度和冷风机风量同时调节的情况下，得到的优化结果虽然节能潜力很大，但是蒸发温度和冷风机风量运行不停的大幅度波动，这种运行方式是基本无法实现的。

在基于冻结速率的运行方式中，单独调节系统蒸发温度或冷风机风量，可以得到比基于冻结时间的运行方式更好的节能效果，单独调节系统蒸发温度比单独调节冷风机风量的节能效果更好，但在实际生产中，由一套制冷系统负责多个库房的食品冻结，需要保持系统蒸发温度的稳定。而在系统蒸发温度和冷风机风量同时调节的情况下，与基于冻结时间的运行方式类似，得到的运行方式虽然节能潜力很大，但基本无法实现。

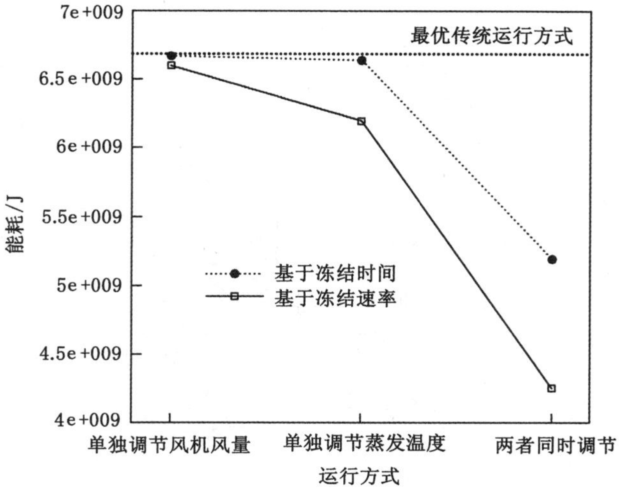

图 4-24　各种运行方式的比较总结

值得注意的是，基于冻结速率的运行方式虽然能够保证食品的冻结速率和冻结质量，但由于食品冻结时间延长，降低了库房冻结食品的生产能力，在实际应用中，需要考虑库房总体生产能力满足库房产量的需求。

4.9　基于冻结速率的分段冻结系统

4.9.1　分段冻结系统的提出

对于特定的总体冻结时间，存在冻结间内冷风机蒸发温度和冷风机风量的分段最优运行方式，冷风机的风量可以通过在冻结间内冷风机上安装变频器来实现，然而由于在大型冷库中制冷系统同时向多个冻结间供液，制冷剂蒸发温度需要保持固定不变。然而单一不变的蒸发温度的制冷系统无法满足上述最优分段运行方式的需要，出于节能的考虑，设计三套不同蒸发温度的制冷系统，分别为高温、中温和低温蒸发温度系统，以满足冻结时间下分段节能运行的需要，其系统图如图 4-25 所示。

（1）高温蒸发温度系统。

根据食品冻结分段优化的结果，对于铁盒包装食品和纸盒包装食品而言，第一阶段蒸发温度分别处于－11 ℃～－29 ℃和－10 ℃～－23 ℃的范围内。另外在冷库运行中，为了防止“冻融循环”的出现，要求冻结间空气温度最高不得高于－5 ℃，目的就在于使冻结间结构始终保持冻结状态。因此，取－15 ℃作为

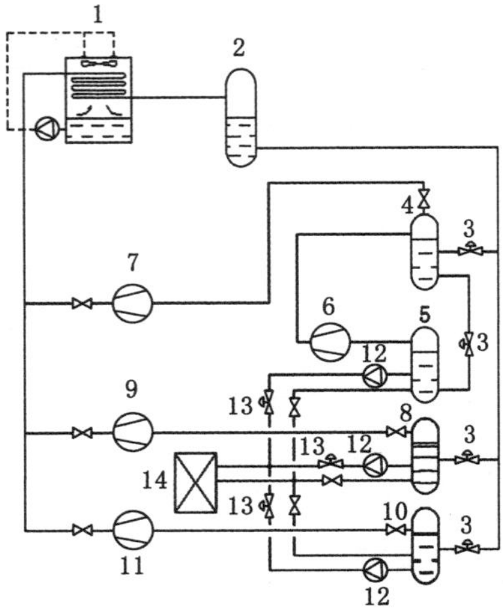

1—蒸发式冷凝器；2—高压储液器；3—节流阀；4—中冷器(－38 ℃)；5—低压循环桶(－38 ℃)；6—低压级压缩机(－38 ℃)；7—高压级压缩机(－38 ℃)；8—低压循环桶(－25 ℃)；9—压缩机(－25 ℃)；10—低压循环桶(－15 ℃)；11—压缩机(－15 ℃)；12—氨泵；13—电磁阀；14—冻结间冷风机

图 4-25　分段冻结系统图

分段冻结系统中的高温蒸发温度，制冷系统采用单级压缩形式，其低压循环桶和压缩机分别如图 4-25 中的 10 和 11 所示。

(2) 低温蒸发温度系统。

在食品分段冻结优化运行中，由于需要满足食品的冻结速率要求，在第二阶段蒸发温度保持稳定。对于铁盒包装食品和纸盒包装食品，分段冻结的第二阶段蒸发温度分别处于－41 ℃～－43 ℃和－32 ℃～－33 ℃的范围内。对于同时冻结这两种包装形式的食品而言，取低温制冷系统的蒸发温度为－38 ℃，制冷系统采用双级压缩形式，其中冷器、低压循环桶、低压级压缩机、高压级压缩机分别如图 4-25 中的 4、5、6、7 所示。

(3) 中温蒸发温度系统。

在铁盒包装食品和纸盒包装食品的分段优化运行方式中，第三阶段的蒸发温度分别处于－20 ℃～－38 ℃和－20 ℃～32 ℃。在冷库制冷系统中，当冷凝压力与蒸发压力之比大于 8 时，应采用双级压缩[114]。在较低的蒸发温度下，使用双级压缩可以提高制冷系统效率，改善压缩机的运行条件。但双级压缩系统需要增加压缩机输气量，即需要更多的压缩机，导致初投资增加。对于氨活塞式压缩机而言，单级压缩循环的最低蒸发温度为－25 ℃[48]，结合食品分段冻结运行方式第三阶段的蒸发温度范围，取中温制冷系统的蒸发温度为－25 ℃，制冷系统采用单级压缩形式，其低压循环桶和压缩机分别如图 4-25 中的 8 和 9

所示。

综上所述，在分段冻结系统中分别设置－15 ℃、－25 ℃、－38 ℃三个蒸发温度制冷系统，在不同阶段通过阀门的启闭改变制冷剂流向，使不同蒸发温度制冷系统制冷剂流向冻结间冷风机。对于分段冻结各蒸发温度制冷系统，分别按照其各自最不利工况下的最大负荷进行设计。对于－38 ℃蒸发温度制冷系统，其设计工况为冷库产量最大时，冻结间满负荷工作，冻结间内的食品需要在设计冻结时间内完成冻结。在这种情况下，冻结间内的食品冻结全部采用传统冻结方式，不采用分段冻结方式，此时－15 ℃和－25 ℃蒸发温度制冷系统的负荷为零。而当在冷库产量小于设计产量，冻结间内食品冻结时间可以延长的时候，采用分段冻结方式，－15 ℃和－25 ℃蒸发温度制冷系统投入使用。

4.9.2　不同冷库产量下分段冻结系统的运行方式

对于分段冻结系统而言，根据食品允许冻结时间 τ_f，使用迭代动态规划方法，计算满足冻结工艺要求和耗能最小的分段运行方式。在食品分段冻结的第一阶段，选择－15 ℃和－25 ℃蒸发温度制冷系统，在食品分段冻结的第三阶段，选择－25 ℃或－38 ℃蒸发温度制冷系统，而在第二阶段，若选择－15 ℃或－25 ℃蒸发温度制冷系统，即使冻结间冷风机全速运行，也无法达到食品冻结的冻结速率要求。鉴于此，食品分段冻结第二阶段的冷风机蒸发温度固定为－38 ℃。食品分段冻结的运行方式如图 4-26 所示：

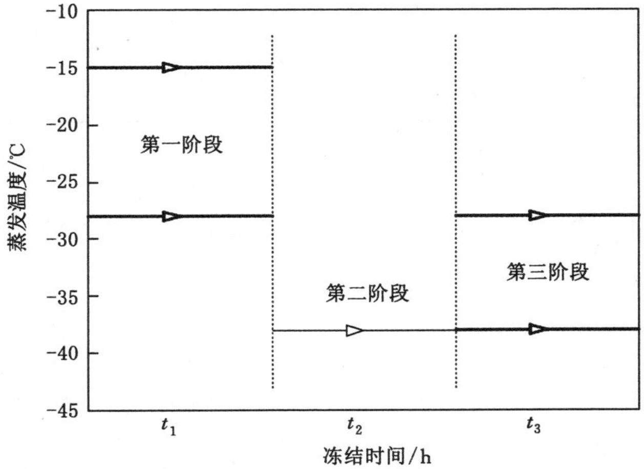

图 4-26　冻结间内食品的分段冻结方式

铁盒包装食品和纸盒包装食品的分段系统运行方式和各阶段时间分别如表 4-3 和表 4-4 所示。

表 4-3　冻结铁盒包装食品时分段系统运行方式

允许冻结时间/h	第一阶段			第二阶段			第三阶段		
	T_e/℃	F_s	τ_1/h	T_e/℃	F_s	τ_2/h	T_e/℃	F_s	τ_3/h
48	−25	0.53	6.22	−38	0.78	36.70	−38	0.66	5.09
52	−25	0.23	9.18	−38	0.75	36.70	−38	0.35	6.12
56	−15	0.30	13.51	−38	0.72	36.70	−38	0.41	5.79
60	−15	0.34	12.82	−38	0.73	36.70	−25	0.42	10.49
64	−15	0.20	16.38	−38	0.71	36.70	−25	0.37	10.92
68	−15	0.15	18.78	−38	0.71	36.70	−25	0.24	12.52
72	−15	0.09	22.95	−38	0.70	36.70	−25	0.25	12.36

表 4-4　冻结纸盒包装食品时分段系统运行方式

允许冻结时间/h	第一阶段			第二阶段			第三阶段		
	T_e/℃	F_s	τ_1/h	T_e/℃	F_s	τ_2/h	T_e/℃	F_s	τ_3/h
72	−25	0.26	9.32	−38	0.26	55.06	−38	0.21	7.62
76	−25	0.33	8.38	−38	0.26	55.06	−25	0.29	12.56
80	−15	0.44	12.47	−38	0.25	55.06	−25	0.32	12.47
84	−15	0.24	15.92	−38	0.25	55.06	−25	0.25	13.02
88	−15	0.18	18.12	−38	0.24	55.06	−25	0.18	14.82
92	−15	0.11	22.16	−38	0.25	55.06	−25	0.17	14.78
96	−15	0.09	24.56	−38	0.24	55.06	−25	0.14	16.38

4.10　分段冻结系统的同时使用系数

对于传统冷库设计来说，通常以所有冻结间都投入使用时的总负荷来进行制冷系统各部件的选型[48]。但对于分段冻结方式来说，即使所有的冻结间都投入运行，所有冻结间的运行状态都处于同一阶段的概率也微乎其微。在制冷系统设计时，如果仅仅简单的将所有冻结间的负荷相加求和作为制冷系统的负荷，必然造成系统设备的选型过大，所以在制冷负荷计算时需要考虑不同冻结间内制冷系统的同时使用系数。对于−38 ℃蒸发温度制冷系统来说，其设计工况为在设计冻结时间内完成冻结，此时食品冻结方式为传统冻结方式，不考虑同时使用系数；而对于−15 ℃和−25 ℃蒸发温度制冷系统，从铁盒包装食品最优分段冻结方式中选择系统负荷最大的工况作其各自的设计工况，同时需要考虑制冷系统在不同冻结间的同时使用系数。

同时使用系数是一个小于 1 的无量纲常数[115]，在本书的研究中，它反映所有冻结间在高峰阶段都处于某一冻结阶段的概率。确定这一系数的基础是冷库使用情况的实际调查数据，对冻结过程的某一阶段而言，冻结间的状态有两种，分别是处于和不处于这个阶段，如果有 n 个冻结间，观测过程中有 m 个冻结间处于这个阶段，则这个阶段的同时使用系数为 m/n。

在设计阶段，可以通过概率论的方法计算同时使用系数[116]。假设食品冻结某个阶段消耗时间 τ_s，总体的冻结时间为 τ_f，如果食品的进货时间是随机的，那么分段运行方式下单个冻结间内食品冻结过程处于该阶段的概率为 $Z=\tau_s/\tau_f$。在冷库的实际运行中，冷库的进货时间是由生产过程决定的，而冷库内生产过程是不间断的，采用分班制，这样就可以认为冷库的进货是随机的，所以 Z 的计算是合理的。

对某一冻结阶段而言，单个冻结间只有处于这个阶段和不处于这个阶段两种状态，即每次独立实验只有两个对立的结果，这符合伯努利概型。根据伯努利定理，在 n 次观测中事件 A 出现 m 次的概率 Z_n^m 可由下式计算：

$$Z_n^m = C_n^m Z^m (1-Z)^{n-m} = \frac{n!}{m!\,(n-m!\,)} Z^m (1-Z)^{n-m} \tag{4-35}$$

式中　Z——一次观测中出现事件 A 的概率；

C_n^m——从 n 中取 m 的组合数。

在分段冻结中，定义事件 A 为单个冻结间处于某一阶段的状态，即 Z 为单个冻结间处于某一冻结阶段的概率，Z_n^m 为在 n 个冻结间中有 m 个处于某一阶段的概率。而高峰阶段时 n 个冻结间中最多有 m 个冻结间处于某阶段的概率可以用伯努利公式写为：

$$\begin{aligned} Z_n^0 + Z_n^1 + Z_n^2 + \cdots + Z_n^m &= \begin{matrix} C_n^0 Z^0 (1-Z)^{n-0} + C_n^1 Z^1 (1-Z)^{n-1} + \\ C_n^2 Z^2 (1-Z)^{n-2} + \cdots + C_n^m Z^m (1-Z)^{n-m} \end{matrix} \\ &= Z_{\mathrm{II}} \end{aligned} \tag{4-36}$$

式中　n——冻结间总数；

m——高峰时处于某一冻结阶段的冻结间数；

Z_{II}——置信区间。

上式可以这样理解，在高峰时段对 n 个冻结间进行观测，其中有 0、1、2、…、m 个冻结间处于某一阶段，取其概率的总和等于计算中所采用的置信概率的值。当置信概率值取一个很大的数值时，可以认为在 n 个冻结间中，高峰时段同时处于某一阶段的冻结间数大于 m 的概率是极小的，可以忽略不计。置信概率表示可信的程度，当置信概率大于 0.95 时，就可以认为处于同一阶段的冻结间数大于 m 是不可能的。

对于－15 ℃和－25 ℃蒸发温度制冷系统来说，分别以铁盒包装食品 56 h 和 48 h 之内完成冻结的第一阶段作为设计工况，其分段运行方式如表 4-3 和表 4-4 所示，食品冻结处于该阶段的概率分别为 0.241 和 0.13。调整 m 取值，得到各自的置信概率变化如图 4-27 所示：

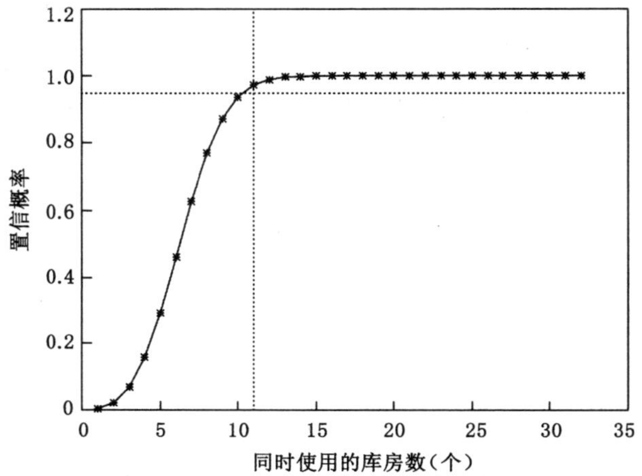

(a) -15 ℃蒸发温度制冷系统

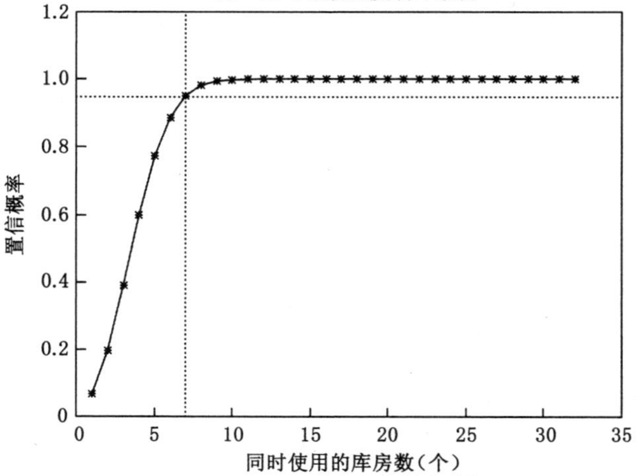

(b) -25 ℃蒸发温度制冷系统

图 4-27　分段冻结系统－15 ℃和－25 ℃蒸发温度制冷系统的置信概率

使用食品冻结通过最大冰晶生成带的时间来作为食品冻结速率的指标，只要保证食品降温过程通过－1 ℃～－5 ℃的时间，即保证了食品通过最大冰晶生成带的时间，就能够使食品的冻结速率达到要求。将食品的冻结过程分成三个阶段 10 ℃～－1 ℃、－1 ℃～－5 ℃、－5 ℃～－15 ℃，设定一个总体的冻结时间 τ_f，同时使第二阶段的完成时间满足冻结速率所要求的时间，那么其余两个阶段的可用时间就确定了，设定三个阶段分段点的时刻分别为 τ_{f1} 和 τ_{f2}，不断调整这两个阶段各自消耗的时间，寻找使这三个阶段的总体能耗 W 最优的运行方式。以 10 ℃和－1 ℃时食品的焓值作为第一阶段的初始焓值和终值焓值，以－1 ℃和－5 ℃时食品的焓值作为第二阶段的初始焓值和终值焓值，以－5 ℃和－15 ℃时食品的焓值作为第三阶段的初始焓值和终值焓值。在三个阶段内，分别以冻结过程能耗与终值约束组成的复合函数作为目标函数：

$$\min\sum W_1=\int_0^{t_{f1}} P_{\text{ref}}\mathrm{d}t+\int_0^{\tau_{f1}} N_{\text{fan}}\cdot P_{\text{fan}}\mathrm{d}t+\theta_{\text{m}}\cdot[H_{\text{m}}(\tau_{f1})-H_{\text{m},-1\,℃}]^2 \tag{4-31}$$

$$\min\sum W_2=\int_{\tau_{f1}}^{\tau_{f2}} P_{\text{ref}}\mathrm{d}t+\int_{\tau_{f1}}^{\tau_{f2}} N_{\text{fan}}\cdot P_{\text{fan}}\mathrm{d}t+\theta_{\text{m}}\cdot[H_{\text{m}}(\tau_{f2})-H_{\text{m},-5\,℃}]^2 \tag{4-32}$$

$$\min\sum W_3=\int_{\tau_{f2}}^{\tau_{f}} P_{\text{ref}}\mathrm{d}t+\int_{\tau_{f2}}^{\tau_{f}} N_{\text{fan}}\cdot P_{\text{fan}}\mathrm{d}t+\theta_{\text{m}}\cdot[H_{\text{m}}(\tau_{f})-H_{\text{m},-15\,℃}]^2 \tag{4-33}$$

式中 W_1——冻结过程第一阶段的目标函数；

W_2——冻结过程第二阶段的目标函数；

W_3——冻结过程第三阶段的目标函数；

$H_{\text{m},-1\,℃}$——食品温度－1 ℃时的焓值，J/kg；

$H_{\text{m},-5\,℃}$——食品温度－5 ℃时的焓值，J/kg；

$H_{\text{m},-15\,℃}$——食品温度－15 ℃时的焓值，J/kg；

θ_{m}——惩罚因子。

由于冻结速率的要求，第二阶段所要求的时间固定，以传统运行方式下 44 h 完成冻结时的冻结速率为标准，那么需要在 23.76 h 之内完成第二阶段的冻结。不断调整 τ_{f1} 和 τ_{f2}，调整第一和第三阶段所消耗的时间，使冻结过程总体的能耗最小：

$$\min\sum W=\sum(W_1+W_2+W_3) \tag{4-34}$$

4.7.1 基于食品冻结速率的冷风机风量不变时的动态优化

当冷风机风量在整个冻结过程中保持不变，寻找蒸发温度的最优运行方式，

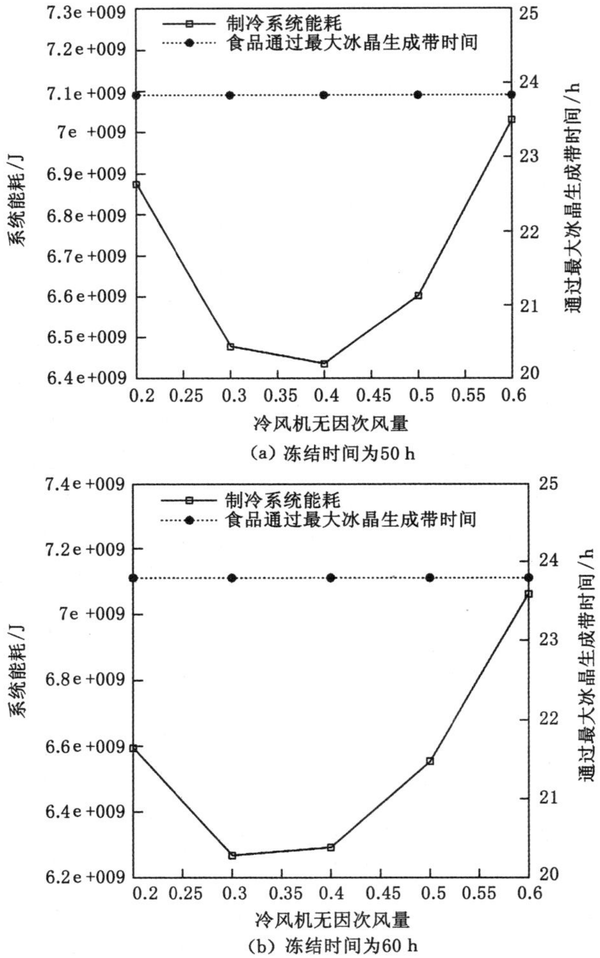

季和冬季控制在－20 ℃,夏季控制在－30 ℃。

在上述运行条件下,对冷库的整体运行状况进行模拟。以 1 月份的冷库运行状况为例,取前 60 h 内的系统参数进行分析。制冷系统的负荷以及投入运行的冻结间数如图 5-11 所示:

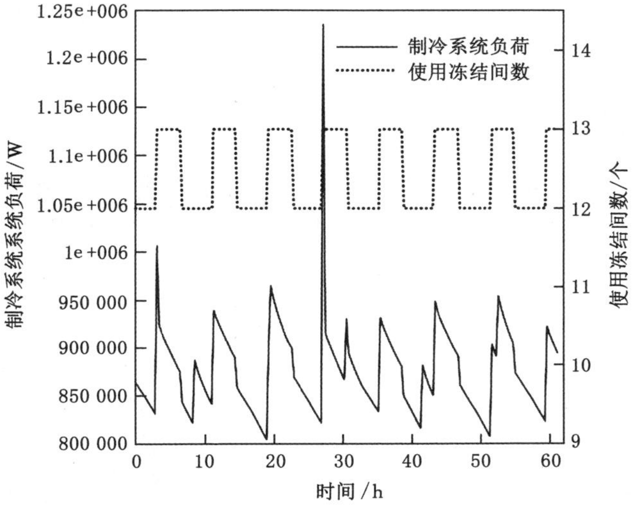

图 5-11　制冷系统负荷及投入运行的冻结间数

从图 5-11 中可以看到,投入使用的冻结间数量在 12 和 13 之间上下波动,这是由单月冷库的冻结食品产量决定的。在冻结食品刚入库的时候,冻结间施加在制冷系统上的负荷是最大的,此后随着冻结的进行,食品负荷迅速减小。所以每当有新冻结间投入使用,制冷系统的总负荷都会出现大幅度的升高,而每当有冻结间完成冻结,食品出库,制冷系统的负荷都会出现突然减小。在制冷系统负荷不断波动的同时,调整其运行方式,以适应负荷的变化,系统蒸发温度和冷凝温度的变化如图 5-12 所示。可以看到,在控制系统的作用下,压缩机和冷凝器调整运行台数,保持蒸发温度和冷凝温度相对稳定,在小范围内不断波动。

冷库运行过程中投入使用的压缩机、冷凝器以及冻结间冷风机的功率如图 5-13 所示。

压缩机是冷库主要的耗能设备,其能耗随着制冷系统运行状况而不断波动。由于在传统冻结方式中,冻结间冷风机保持全速运行,其耗能也很可观,冷凝器的耗能相对较小。

对传统运行方式下冷库的运行状况进行全年模拟,冷库内食品冻结的总能耗为制冷压缩机、库房冷风机、蒸发式冷凝器以及其他设备的能耗总和,全年各

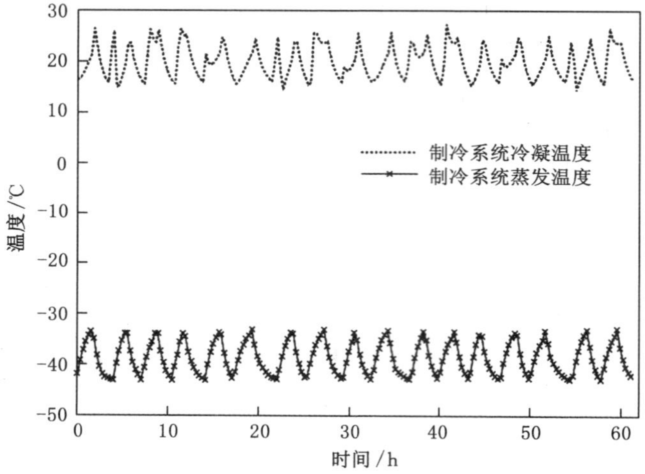

图 5-12　制冷系统蒸发温度和冷凝温度的变化

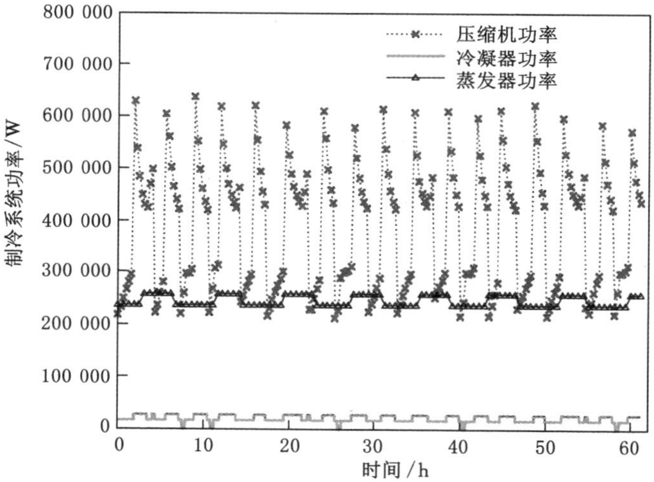

图 5-13　制冷系统能耗变化

月的耗电量如图 5-14。可以看到，由于库房冷风机全速运行，冷风机的能耗和放热负荷都很大，导致整个制冷系统能耗过大。

从食品冻结过程的模拟中可以得到，当系统蒸发温度为－38 ℃，冷风机全速运行时，在规定的冻结时间内，食品的温度下降到接近－30 ℃，远远低于冻结完成温度－15 ℃，消耗掉过多的不必要的能量。如果制冷系统蒸发温度为

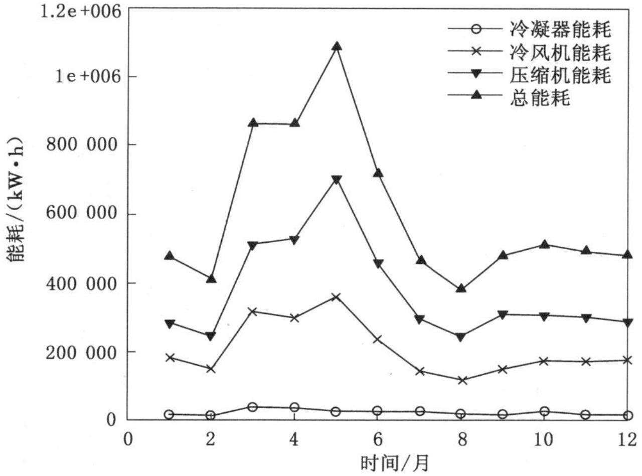

图 5-14　传统运行方式下冷库内食品冻结的全年各月能耗

−38 ℃,要在规定的时间内刚好完成冻结,则在冻结铁盒包装食品时,冷风机的无因次风量需要保持为 0.89,在冻结纸盒包装食品时,冷风机的无因次风量仅为 0.27。可见调整风速,能够很大程度上减少冻结间冷风机的能耗以及冷风机散热产生的负荷,此时,冷库全年的运行能耗如图 5-15 所示。

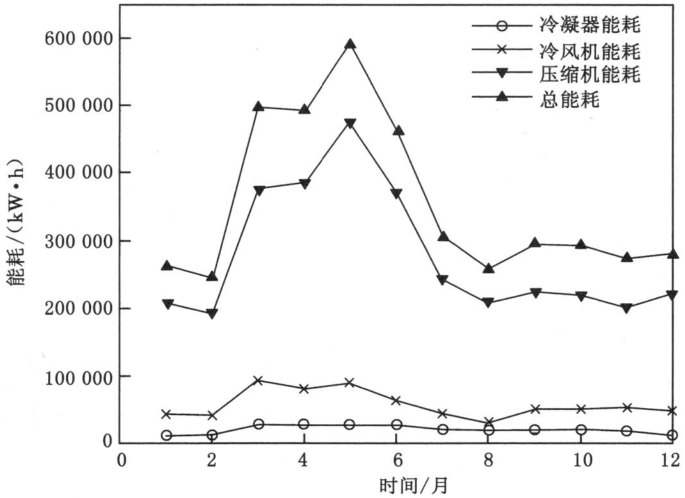

图 5-15　调整冷风机风量后冷库的全年运行能耗

从图 5-15 中可以看到，在传统冷库运行方式的基础上，调整冻结间冷风机的风量，使其依然满足冻结质量的要求，可以大幅度降低冻结间冷风机的能耗，进而减少制冷系统的负荷，减少压缩机的能耗。此时，由于制冷系统蒸发温度仍然为 −38 ℃，系统的 COP 值变化不大。

根据食品的冻结要求调整冷风机风量后，其能耗及相对于未调整冷风机风量时的节能率如图 5-16 所示，可以看到根据食品冻结要求调整冻结间冷风机风量后，最多能够节能 45.52%，其节能率与单月能耗具有相同的变化趋势。

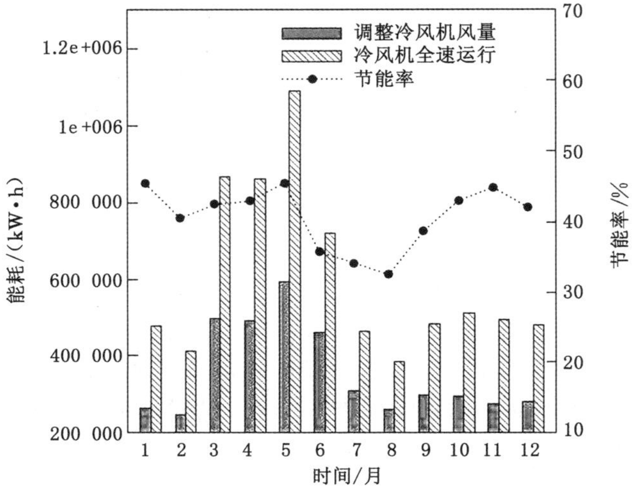

图 5-16　冷风机全速运行与调整冷风机风量两种运行方式下冷库全年运行能耗

在传统运行方式下，冷风机全速运行与调整冷风机风量这两种运行方式下的单位质量食品冻结能耗如图 5-17 所示。可以看到，单位质量食品冻结能耗主要受到气象参数的影响，最大单位质量食品冻结能耗出现在 8 月份，调整冷风机风量后，8 月份的单位质量食品冻结能耗从 124.89 kW·h/t 降低到 84.298 kW·h/t。

5.5.2　分段运行方式下的全年运行模拟

采用分段冻结系统后，可以进一步降低冷库运行的能耗，虽然分段冻结延长了食品的冻结时间，但是由于考虑了食品冻结速率的要求，使食品的冻结质量满足工艺要求。分段冻结方式和传统冻结方式各月平均使用冻结间的数量如图 5-18，分段冻结系统延长了食品的冻结时间，这样在单月冻结相同数量的食品时要求同时投入更多的冻结间，一方面降低了冷库的生产能力，另一方面减少了维持空闲库房低温环境的耗能。

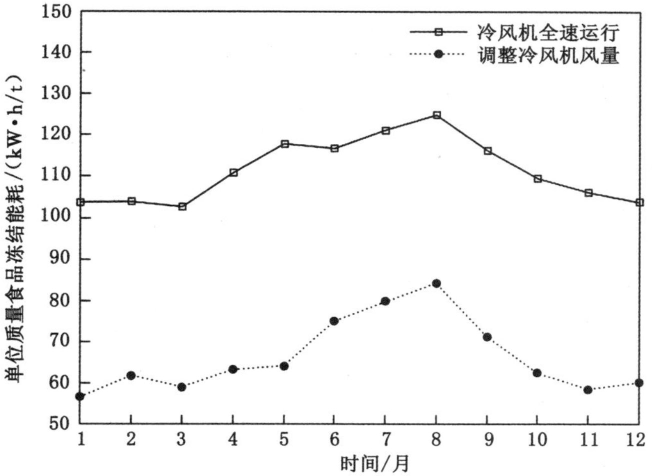

图 5-17　冷风机全速运行与调整冷风机风量两种运行方式下单位质量食品冻结能耗

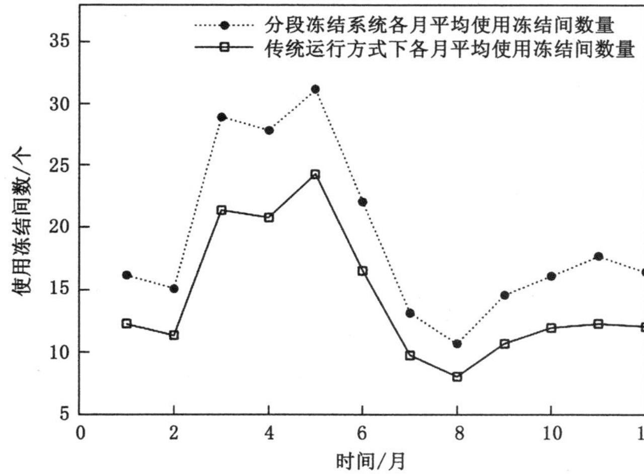

图 5-18　传统冻结方式和分段冻结方式的各月平均使用冻结间数量

分段冻结方式和传统冻结方式的各月平均 COP 值如图 5-19，可以看到采用食品分段冻结方式能够显著提高制冷系统的总体 COP 值，从而提高能源利用率。通过与冷库冻结食品产量的对比，可以看到分段冻结系统的 COP 值的变化趋势与冷库冻结食品产量的变化趋势相反。在冷库产量较大月份，例如 5 月份，分段冻结系统的运行方式更加接近传统运行方式，分段冻结系统的 COP 值与传统运行方式差别不大。此时，采用分段冻结系统的节能潜力并不大。

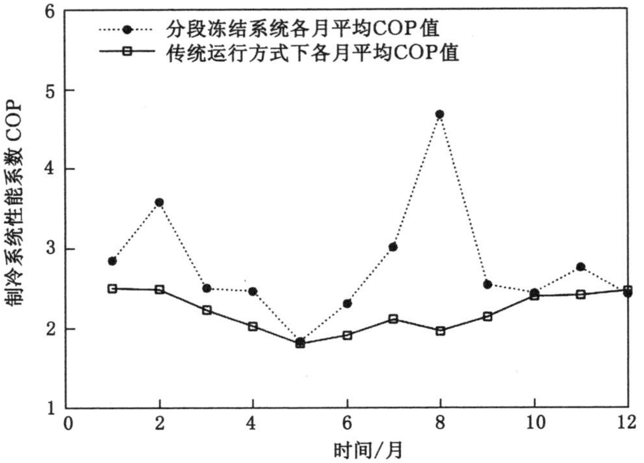

图 5-19　传统冻结方式和分段冻结方式的制冷系统各月平均 COP 值

分段冻结系统全年的运行能耗如图 5-20 所示，可以看到使用分段冻结系统进一步降低了冻结间冷风机的能耗以及制冷系统压缩机的能耗：

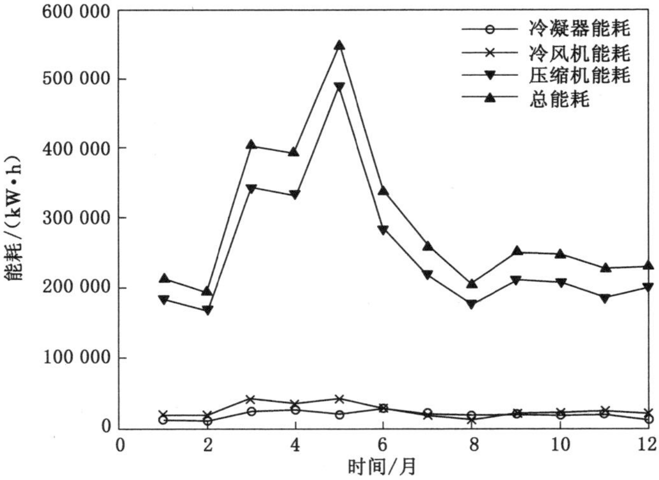

图 5-20　分段冻结系统的全年运行能耗

采用分段冻结系统相对于调整冷风机风量运行方式的全年能耗如图 5-21 所示。最大节能率为 25.45%，出现在 6 月份；最小节能率为 15.54%，出现在 3 月份。可见，制冷系统的 COP 值对于制冷系统的能耗存在一定程度的影响，但同时制冷系统的总能耗还受到冻结间冷风机能耗及制冷量的影响。

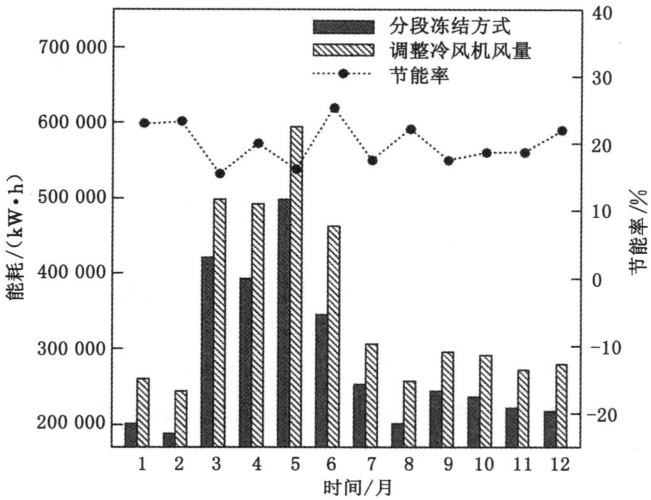

图 5-21　分段冻结与调整冷风机风量两种运行方式下的全年能耗

分段冻结与调整冷风机风量两种运行方式下的单位质量食品冻结能耗如图 5-22。相对于调整冷风机风量运行方式，使用分段冻结方式进一步降低了单位质量食品冻结能耗，最大单位食品冻结能耗出现在 8 月份，采用分段冻结方式后，最大单位质量食品冻结能耗从 84.298 kW · h/t 降低到 65.549 kW · h/t。

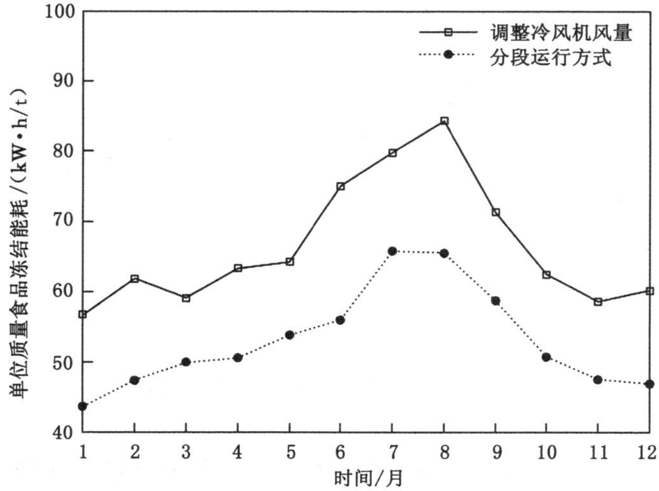

图 5-22　分段冻结与调整冷风机风量两种运行方式下单位质量食品冻结能耗

5.6 本章小结

冷库在实际运行过程中，受到气象参数、冻结食品入库量、运行调节方式等多种因素的影响，分段冻结系统同样受到这些因素的影响，为了检验分段冻结系统在不同工况下的运行效果，需要将分段冻结系统置于实际工况下进行研究。本章给出冻结间制冷系统各部件的控制方式，以及各子系统的数学模型。以一实际冷库冻结间作为研究对象，测试食品冻结过程中该冻结间及其相邻库房的空气温湿度变化，并记录冻结过程中制冷系统的参数变化。在相同运行条件下，对该冻结间进行数值模拟，并与实验结果进行对比以验证模型的准确性。

调研该冷库的全年各月冻结食品产量、全年库房设备耗电量以及制冷冷源耗电量。在此基础上，对传统控制方式下的冷库全年各月运行状况进行模拟，研究冷库投入使用的冻结间数与制冷系统负荷的关系，以及制冷系统各参数、能耗和 COP 值等参数的变化，并与调研结果进行对比分析。

在传统运行方式下，食品出库温度远远低于－15 ℃的冻结完成温度，造成一定程度能源的浪费。根据食品的冻结要求，调整冻结间冷风机的风量，对调整后的冷库的全年运行状况进行模拟，另外，对本书提出的分段冻结系统的全年运行工况进行模拟。结果表明，冻结间冷风机的运行方式对整个制冷系统的能耗影响很大，一方面，冷风机自身运行消耗一部分能量，另一方面，冷风机运行过程的散热量成为制冷系统的负荷，增加系统压缩机的能耗。在传统控制方式下，根据食品的冻结要求调整冷风机的风量，可以获得很好的节能效果，单月食品冻结能耗最多节能 45.52％。使用分段冻结系统，根据各月冻结食品产量，延长食品冻结时间，增加了冷库内同时投入使用的冻结间的数量，可以进一步降低冻结过程的能耗，最大节能率为 25.45％。

第6章　结　论

本课题在单体食品冻结过程和冷库内空气参数分布研究的基础上，基于动态优化理论对冷库内食品冻结过程进行节能优化，并提出分段冻结系统及其运行方式。主要结论如下：

① 对于带有包装的食品的冻结过程，分别建立食品内部、包装材料、食品与包装之间空气层以及包装材料与外部空气的传热模型，使用迭代方法将上述子模型结合起来，并通过铁盒和纸盒包装的分割肉的冻结实验对该模型进行验证。结果表明，食品与包装材料之间的空气层对于食品冻结过程有很大的影响，由于食品上部空气层的存在，食品自身上下表面温降过程不同。相对于传统的以导热方式或者忽略空气层的处理方式，使用自然对流和辐射换热对空气层内传热进行处理能够获得更加准确的结果，而且空气层的热阻在整个冻结过程中不断变化。

② 在单体食品冻结过程模拟的基础上，研究冻结间内部空气参数分布对于食品冻结过程的影响。通过风道数值实验，得到食品对流换热系数无因次关联式。使用 CFD 方法分别对空库和满载情况下冻结间内空气参数分布进行模拟，得到冻结间内流场和温度场分布，进一步得到食品冻结条件的空间分布，并进行食品冻结过程的敏感度分析和不均匀度分析。结果表明，冻结间内风速分布的空间差异更大，使得冻结间内食品环境风速相对于环境温度的变化对于食品冻结过程有更大的影响。随着冻结间内冷风机风量的增大，冻结间内环境风速的不均匀度逐渐增大，环境温度的不均匀度逐渐减小，食品冻结时间和冻结速率的不均匀度呈现出先增大后减小的趋势。

③ 基于动态优化理论，建立冻结间内食品冻结过程动态优化模型，以冻结过程能耗为目标函数，将冻结时间和冻结速率约束条件以罚函数的形式写入目标函数，使用迭代动态规划算法进行求解。以制冷系统蒸发温度和冷风机风量作为控制变量，寻找蒸发温度和冷风机风量的最优运行方式。结果表明，在传统运行方式下，存在一个蒸发温度和冷风机风量的最优组合，使规定时间内完成冻结最节能。以冻结速率为约束条件能够获得比在冻结时间约束条件下更好的节能效果。在冻结过程中保持蒸发温度或者冷风机风量不变下，得到的最优运行

方式的节能效果都相对较小。而在蒸发温度和冷风机风量都可以随意变化的条件下，其最优运行方式节能潜力很大，但是运行方式过于复杂。在上述理论动态优化的基础上，对食品冻结过程采用分段运行方式，阶段性调节系统的蒸发温度和冷风机运行方式。以食品冻结速率为约束条件，在不同的允许冻结时间下对冻结间内食品冻结过程进行分段优化。提出分段冻结系统，并给出其不同允许冻结时间下的运行方式。在分段冻结系统的设计中，需要考虑不同冻结间内制冷系统的同时使用系数，给出同时使用系数的计算方法。

④ 对于一个有多个冻结间的实际冷库，建立库房模型和制冷系统模型，对冷库实际运行工况进行模拟，并与测试结果进行对比验证。在此基础上，在各月不同气象参数和不同冷库产量条件下，分别对该冷库在传统运行方式和分段运行方式下的全年运行工况进行模拟。结果表明，冻结间冷风机的运行方式对整个制冷系统的能耗影响很大，冷风机自身运行消耗能量，同时冷风机运行过程的散热量进入冻结间成为制冷系统负荷，增加系统能耗。在传统控制方式下，根据食品的冻结工艺要求调整冷风机的风量，可以获得很好的节能效果，单月最多节能 45.52%。使用分段冻结系统，根据各月冻结食品产量，延长食品冻结时间，增加了冷库内同时投入使用的冻结间的数量，相对于调整冷风机风量的运行方式，可以进一步降低冻结过程的能耗，单月最多节能 25.45%。

本书的创新点：

① 建立了包装食品的冻结过程的数学模型，考虑了包装材料和空气层的影响，将包装食品冻结过程的模拟分解成食品包装外部对流换热系数的计算、包装材料和空气层内部传热过程的模拟以及食品内部传热过程的模拟三部分。食品冻结实验的结果表明，本书提出的模型能够更加准确的模拟包装食品的冻结过程。

② 基于食品冻结时间的工艺要求，对冷库传统运行方式进行动态优化，得到系统蒸发温度和冷风机风量运行方式的最优组合，使食品冻结过程耗能最小。相对于未经优化的传统运行方式，可以获得明显的节能效果。

③ 基于食品冻结速率对食品冻结过程进行分段优化，提出由多个蒸发温度制冷系统构成的分段冻结系统及其设计方法，通过动态优化计算给出不同冷库产量下其运行方式。结果显示，采用分段冻结系统可以在满足食品的冻结工艺要求和生产能力的前提下，达到较好的节能效果。

参 考 文 献

[1] 陈珑. 工业应用中的动态优化方法研究[D]. 杭州:浙江大学,2010.

[2] 陈绍桥. 国外冷库的制冷装置与冷库建设[J]. 冷藏技术,1995,18(4):51-54.

[3] 戴美芹. 冷库的节能设计[J]. 制冷技术,2008,28(2):9-12.

[4] 龚海辉,谢晶,张青. 冷库结构与保温材料现状[J]. 物流科技,2010,33(2):121-123.

[5]龚俊华. 住宅区域供冷供热系统优化设计及经济性分析[D]. 上海:同济大学,2005.

[6] 郭庆堂. 实用制冷工程设计手册[M]. 北京:中国建筑工业出版社,1994.

[7]郭孝札. 冷库制冷设计手册[M]. 北京:农业出版社,1988.

[8]胡耀华,蒋国振,熊来怡等人. 基于 CFD 的冷库优化设计[C]//Proceedings of 2010 First International Conference on Cellular, Molecular Biology, Biophysics and Bioengineering (Volume 5). 2010.

[9] 华泽钊,等. 上海市教育委员会组编. 食品冷冻冷藏原理与设备[M]. 北京:机械工业出版社,1999.

[10] 贾力,方肇洪,钱兴华. 高等传热学[M]. 北京:高等教育出版社,2003.

[11] 荆有印,王长海,丁桂艳,等. 小型冷库风机动态模型的建立与数值模拟[J]. 低温工程,2008(5):61-65.

[12] 李保国,华泽钊,焦岩. 食品冷冻过程的试验研究与数值模拟[J]. 第四届全国食品冷藏链大会暨 2002 全国气调冷库技术研讨会论文集,2002:6.

[13] 李杰,谢晶. 速冻食品冻结时间的数值模拟分析及实验验证[J]. 第六届全国食品冷藏链大会论文集,2008.

[14] 李夔宁,王贺,吴治娟,等. 冷库节能途径探讨[J]. 制冷技术,2008,28(2):1-4.

[15] 李前兴. 工业过程迭代动态规划算法研究[D]. 杭州:浙江大学,2011.

[16]林舒萍. 基于迭代的遗传算法和蚁群算法研究[J]. 2006.

[17] 刘斌. 微型冷库系统优化研究[D]. 天津:天津大学,2003.

[18] 刘铭.不同冻结速度对食品质量的影响[J].食品研究与开发,1994,15(1):11-14.

[19] 刘清江,章莹,申江,等.高大空间冷库气流的模拟研究[C]//第七届全国食品冷藏链大会论文集.青岛。

[20] 刘清江,章莹,申江等人.高大空间冷库气流的模拟研究[J].第七届全国食品冷藏链大会论文集,2010:3.

[21] 刘永娟.货物不同摆放形式下冷库内气流组织的模拟研究[D].西安:西安建筑科技大学,2011.

[22] 秘文涛. 冷库制冷装置节能运行及选型设计[D].上海:上海海洋大学,2008.

[23] 彭园园,宋健斐,朱廷钰,等.大型烟气脱硫塔配置旋风分离器的流场模拟[J].化学工程,2010,38(1):38-41.

[24] 沈宇纲,张春路,丁国良.食品冷冻过程模拟的简化模型[J].上海市制冷学会二〇〇一年学术年会论文集,2001.

[25] 孙见君.制冷与空调装置的自动控制[M].北京:化学工业出版社,2000.

[26] 陶卉.工业过程动态优化研究[D].杭州:浙江大学,2006.

[27] 陶文铨.数值传热学[M].2版.西安:西安交通大学出版社,2001.

[28] 屠建祥,刘宝林,陶乐仁,等.速冻过程中食品冻结速度的数值计算[J].低温工程,2000(2):44-48.

[29] 王海鹰.冰核细菌对模拟食品冷冻特性的影响研究[D].杭州:浙江大学,2007.

[30] 王剑锋,胡熊飞,刘楚芸,等.冷库冻结间气体流场模拟[J].冷藏技术,1995,18(4):7-17.

[31] 王乔.冷库集中与分散制冷模式的数学模拟及其经济效益评价[D].北京:中国农业大学,2005.

[32] 王晓陵,陆军.最优化方法与最优控制[M].哈尔滨:哈尔滨工程大学出版社,2008.

[33] 吴高辉.动态优化研究及其工业应用[D].杭州:浙江大学,2007.

[34] 谢晶,瞿晓华,徐世琼.冷藏库内气体流场数值模拟与验证[J].农业工程学报,2005,21(2):11-16.

[35] 徐颖.基于粗集理论的冷库制冷系统参数优化与节能研究[D].上海:上海海洋大学,2009.

[36] 杨磊,汪小旵.冷藏库预冷降温过程中温度场的数值模拟与试验研究[J].西北农林科技大学学报(自然科学版),2008,36(9):219-223.

[37] 杨一凡.氨制冷技术的应用现状及发展趋势[J].制冷学报,2007,28(4):12-19.

[38] 叶美萍.压缩机运行特性动态模拟子程序[J].制冷,1994,13(2):50-53.

[39] 余克志,陈天及.货物对小型冷库流场和温度场影响的数值研究[J].冷藏技术,2001,24(1):1-6.

[40] 余小领,李学斌,赵良,等.常规冷冻冻藏对猪肉保水性和组织结构的影响[J].农业工程学报,2008,24(12):264-268.

[41] 张蓓红,蔡龙俊.住宅建筑空调负荷计算中同时使用系数的确定[J].建筑热能通风空调,1999,18(1):14-17.

[42] 张涛洪.食品冷冻过程的动态模拟[D].镇江:江苏大学,2002.

[43] 张有凤.大中型冷库制冷系统的建模与控制[D].广州:广东工业大学,2007.

[44] 张玉斌.迭代动态规划算法及并行化研究[D].北京:中国石油大学,2008.

[45] 中华人民共和国住房和城乡建设部,国家质量监督检验检疫总局.冷库设计规范:GB 50072—2010[S].北京:中国计划出版社,2010.

[46] 邹根南郑贤德.制冷装置及其自动化[M].北京:机械工业出版社,1987.

[47] AMARANTE A,LANOISELLÉ J L,RAMIREZ A. Direct measurement of heat transfer rates and coefficients in freezing processes by the use of heat flux sensors[J]. Chemical Engineering Research and Design,2003,81(9):1105-1112.

[48] BECKER B R,FRICKE B A. Heat transfer coefficients for forced-air cooling and freezing of selected foods[J]. International Journal of Refrigeration,2004,27(5):540-551.

[49] BELLMAN R E. Dynamic Programming[M]. Princeton University Press, 2010.

[50] BOJKOV B,LUUS R. Time-optimal control by iterative dynamic programming[J]. Industrial & Engineering Chemistry Research, 1994, 33(6):1486-1492.

[51] BONVIN D. Optimal operation of batch reactors—a personal view[J]. Journal of Process Control,1998,8(5/6):355-368.

[52]BROWNELL K A. Investigation of the field performance for industrial refrigeration systems[D]. University of Wisconsin - Madison, 1998.

[53]Cermak J E, Isyumov N. Wind tunnel studies of buildings and structures [C]//American Society of Civil Engineers, 1999.

[54] CLELAND D J,CLELAND A C,EARLE R L,et al. Prediction of rates of freezing,thawing or cooling in solids or arbitrary shape using the finite element method[J]. International Journal of Refrigeration, 1984, 7(1): 6-13.

[55] COMINI G, DEL GIUDICE S, SARO O. Conservative equivalent heat capacity methods for non-linear heat conduction[J]. Numerical Methods in Thermal Problems, 1989, 6(Part 1): 5-15.

[56] COMINI G,DEL GIUDICE S. Thermal aspects of cryosurgery[J]. Journal of Heat Transfer,1976,98(4):543-549.

[57] DAUDIN J D,SWAIN M V L. Heat and mass transfer in chilling and storage of meat[J]. Journal of Food Engineering,1990,12(2):95-115.

[58] DELGADO A E,SUN D W. Heat and mass transfer models for predicting freezing processes - a review[J]. Journal of Food Engineering,2001,47(3):157-174.

[59] DING G L. Recent developments in simulation techniques for vapour-compression refrigeration systems[J]. International Journal of Refrigeration,2007,30(7):1119-1133.

[60] DOE U. EnergyPlus Engineering Reference[J]. The Reference to EnergyPlus Calculations, 2010.

[61] DU PORTE E M. The muscular system of gryllus assimilis fabr. (Pennsylvanicus Burm.) a thesis submitted in partial fulfilment of the requirements for the degree of Doctor of Philosophy in McGill University /[M]. Montreal:[s. n.],1920.

[62] ESTRADA-FLORES S,CLELAND D J,CLELAND A C,et al. Simulation of transient behaviour in refrigeration plant pressure vessels: mathematical models and experimental validation[J]. International Journal of Refrigeration,2003,26(2):170-179.

[63] Eyres N R, Hartree D R, Ingham J. The calculation of variable heat flow in solids[J]. Philosophical Transactions of the Royal Society of London Series A,Mathematical and Physical Sciences,1946,240(813):1-57.

[64] FIKIIN K A. Generalized numerical modelling of unsteady heat transfer during cooling and freezing using an improved enthalpy method and quasi-one-dimensional formulation[J]. International Journal of Refrigeration, 1996,19(2):132-140.

[65] froid I international du. Recommendations for the Processing and Handling of Frozen Foods[M]. IIF = IIR, 2006.

[66] GETU H M,BANSAL P K. Simulation model of a low-temperature supermarket refrigeration system[J]. HVAC&R Research, 2011, 12(4): 1117-1139.

[67] Guan Y. Dynamic modeling and capacity control of multiple chiller systems[D]. Concordia University, 2005.

[68] HARRIS M B,CARSON J K,WILLIX J,et al. Local surface heat transfer coefficients on a model lamb carcass[J]. Journal of Food Engineering, 2004,61(3):421-429.

[69] HASSE H,BECKER M,GROSSMANN K,et al. Top-down model for dynamic simulation of cold-storage plants[J]. International Journal of Refrigeration,1996,19(1):10-18.

[70] HELDMAN D R,SINGH R P. Food Process Engineering[M]. Dordrecht: Springer Netherlands,1981.

[71] HOANG M, VERBOVEN P, BAELMANS M. Analysis of the airflow, heat and mass transfer in chicory root cold store by means of computational fluid dynamics[C]//Proceedings of International Congress of Refrigeration. Washington DC, USA: International Institute of Refrigeration, 2003.

[72] HOLMAN J P. Heat Transfer [M]. McGraw Hill Higher Education, 2010.

[73] HUI Y H,HUI Y H,LEGARRETTA I G,et al. Handbook of Frozen Foods[M]. CRC Press,2004.

[74] HUNG Y C,THOMPSON D R. Freezing time prediction for slab shape foodstuffs by an improved analytical method[J]. Journal of Food Science, 1983,48(2):555-560.

[75] HU Z H,SUN D W. CFD simulation of heat and moisture transfer for predicting cooling rate and weight loss of cooked ham during air-blast chilling process[J]. Journal of Food Engineering,2000,46(3):189-197.

[76] HU Z H,SUN D W. Effect of fluctuation in inlet airflow temperature on CFD simulation of air-blast chilling process[J]. Journal of Food Engineering,2001,48(4):311-316.

[77] HU Z H,SUN D W. Predicting local surface heat transfer coefficients by

different turbulent k-ε models to simulate heat and moisture transfer during air-blast chilling[J]. International Journal of Refrigeration, 2001, 24 (7): 702-717.

[78] INCROPERA F P, DEWITT D P. Fundamentals of heat and mass transfer[M]. Wiley, 1990.

[79] JENSEN J B, SKOGESTAD S. Optimal operation of simple refrigeration cycles: part I: degrees of freedom and optimality of sub-cooling[J]. Computers & Chemical Engineering, 2007, 31(5/6): 712-721.

[80] JENSEN J B, SKOGESTAD S. Optimal operation of simple refrigeration cycles: part II: selection of controlled variables[J]. Computers & Chemical Engineering, 2007, 31(12): 1590-1601.

[81] KADER B A. Temperature and concentration profiles in fully turbulent boundary layers[J]. International Journal of Heat and Mass Transfer, 1981, 24(9): 1541-1544.

[82] KONDJOYAN A, DAUDIN J D, BIMBENET J J. Heat and mass transfer coefficients at the surface of elliptical cylinders placed in a turbulent air flow[J]. Journal of Food Engineering, 1993, 20(4): 339-367.

[83] KONDJOYAN A, DAUDIN J D. Heat and mass transfer coefficients at the surface of a pork hindquarter[J]. Journal of Food Engineering, 1997, 32(2): 225-240.

[84] KONDJOYAN A. A review on surface heat and mass transfer coefficients during air chilling and storage of food products[J]. International Journal of Refrigeration, 2006, 29(6): 863-875.

[85] KUITCHE A, DAUDIN J D, LETANG G. Modelling of temperature and weight loss kinetics during meat chilling for time-variable conditions using an analytical-based method—I. The model and its sensitivity to certain parameters[J]. Journal of Food Engineering, 1996, 28(1): 55-84.

[86] LARSEN L F S, THYBO C, STOUSTRUP J, et al. A method for online steady state energy minimization, with application to refrigeration systems[C]//2004 43rd IEEE Conference on Decision and Control (CDC). December 14-17, 2004, Nassau, Bahamas. IEEE, 2004: 4708-4713.

[87] LEMMON E C. Phase-change techniques for finite element conduction codes[C]//Proceedings of the First International Conference. 1979, 1: 149 - 158.

[88] LI B, ALLEYNE A G. A dynamic model of a vapor compression cycle with shut-down and start-up operations[J]. International Journal of Refrigeration, 2010, 33(3): 538-552.

[89] LOVATT S J, PHAM Q T, LOEFFEN M P F, et al. A new method of predicting the time-variability of product heat load during food cooling—Part 2: experimental testing[J]. Journal of Food Engineering, 1993, 18 (1): 37-62.

[90] LOVATT S J, PHAM Q T, LOEFFEN M P F, et al. A new method of predicting the time-variability of product heat load during food cooling—Part 2: experimental testing[J]. Journal of Food Engineering, 1993, 18 (1): 37-62.

[91] LU L, CAI W J, CHAI Y S, et al. Global optimization for overall HVAC systems: part I problem formulation and analysis[J]. Energy Conversion and Management, 2005, 46(7/8): 999-1014.

[92] LU L, CAI W J, SOH Y C, et al. Global optimization for overall HVAC systems: part II problem solution and simulations[J]. Energy Conversion and Management, 2005, 46(7/8): 1015-1028.

[93] LUUS R, ROSEN O. Application of dynamic programming to final state constrained optimal control problems [J]. Industrial & Engineering Chemistry Research, 1991, 30(7): 1525-1530.

[94] LUUS R. Optimal control of batch reactors by iterative dynamic programming[J]. Journal of Process Control, 1994, 4(4): 218-226.

[95] Manske K A. Performance optimization of industrial refrigeration systems[D]. University of Wisconsin, 1999.

[96] MIRADE P S, KONDJOYAN A, DAUDIN J D. Three-dimensional CFD calculations for designing large food chillers[J]. Computers and Electronics in Agriculture, 2002, 34(1/2/3): 67-88.

[97] MORGAN K, LEWIS R W, ZIENKIEWICZ O C. An improved algrorithm for heat conduction problems with phase change[J]. International Journal for Numerical Methods in Engineering, 1978, 12(7): 1191-1195.

[98] MOUREH J, LAGUERRE O, FLICK D, et al. Analysis of use of insulating pallet covers for shipping heat-sensitive foodstuffs in ambient conditions[J]. Computers and Electronics in Agriculture, 2002, 34 (1/2/3): 89-109.

[99] NAHID A,BRONLUND J E,CLELAND D J,et al. Modelling the freezing of butter[J]. International Journal of Refrigeration, 2008, 31(1): 152-160.

[100] NAHOR H B,HOANG M L,VERBOVEN P,et al. CFD model of the airflow,heat and mass transfer in cool stores[J]. International Journal of Refrigeration,2005,28(3):368-380.

[101] NICOULIN C V, JACOBS P C, TORY S. Computer modeling of commercial refrigerated warehouse facilities[J]. Proceedings of the 1998 ACEEE Summer Study on Energy Efficiency in Industry,1997:15-27.

[102] OOKA R,KOMAMURA K. Optimal design method for building energy systems using genetic algorithms[J]. Building and Environment,2009, 44(7):1538-1544.

[103] PHAM Q T,TRUJILLO F J,MCPHAIL N. Finite element model for beef chilling using CFD-generated heat transfer coefficients[J]. International Journal of Refrigeration,2009,32(1):102-113.

[104] PHAM Q T. A fast,unconditionally stable finite-difference scheme for heat conduction with phase change[J]. International Journal of Heat and Mass Transfer,1985,28(11):2079-2084.

[105] PHAM Q T. Comparison of general-purpose finite-element methods for the stefan problem[J]. Numerical Heat Transfer,Part B:Fundamentals, 1995,27(4):417-435.

[106] PHAM Q T. Extension to Planck's equation for predicting freezing times of foodstuffs of simple shapes[J]. International Journal of Refrigeration, 1984,7(6):377-383.

[107] PLANK R. Beiträge zur Berechnung und Bewertung der Gefriergeschwindigkeit von Lebensmitteln[M]. Ges. f. Kältewesen,1941.

[108] PRIMOZIC J,SVECKO R. Control in refrigeration systems[C]//IEEE International Conference on Industrial Technology,2003. December 10-12,2003,Maribor,Slovenia. IEEE,2003:1040-1045.

[109] RASMUSSEN B P, ALLEYNE A G. Dynamic modeling and advanced control of air conditioning and refrigeration systems[R]. Air Conditioning and Refrigeration Center. College of Engineering. University of Illinois at Urbana-Champaign. ,2006.

[110] SRINIVASAN B,BONVIN D,VISSER E,et al. Erratum to "Dynamic

optimization of batch processes II. Role of measurements in handling uncertainty"[J]. Computers & Chemical Engineering,2003,27(5):761.

[111] SRINIVASAN B,PALANKI S,BONVIN D. Dynamic optimization of batch processes:I. Characterization of the nominal solution[J]. Computers & Chemical Engineering,2003,27(1):1-26.

[112] STOECKLE R. Refrigerated warehouse operation under real-time pricing[D]. University of Wisconsin-Madison,2001.

[113] SUN D W,HU Z H. CFD predicting the effects of various parameters on core temperature and weight loss profiles of cooked meat during vacuum cooling[J]. Computers and Electronics in Agriculture,2002,34(1/2/3):111-127.

[114] SUN D W. Handbook of Frozen Food Processing and Packaging[M]. CRC Press,2016.

[115] TAO H,LIU X G. An improved control parameterization method for chemical dynamic optimization problems[C]//2006 6th World Congress on Intelligent Control and Automation. June 21-23,2006,Dalian,China. IEEE,2006:1650-1653.

[116] TAYLOR R G. Heat transfer:a basic approach[J]. The Aeronautical Journal (1968),1985,89(885):198.

[117] TOCCI A M,MASCHERONI R H. Heat and mass transfer coefficients during the refrigeration,freezing and storage of meats,meat products and analogues[J]. Journal of Food Engineering,1995,26(2):147-160.

[118] TRUJILLO F J,PHAM Q T. A computational fluid dynamic model of the heat and moisture transfer during beef chilling[J]. International Journal of Refrigeration,2006,29(6):998-1009.

[119] VAN GERWEN R J M, VAN OORT H. Optimization of cold store design using fluid dynamics models[J]. Proceedings of IIF-IIR Commission B,1989,2:C2.

[120] VERBOVEN P,NICOLAÏ B M,SCHEERLINCK N,et al. The local surface heat transfer coefficient in thermal food process calculations:a CFD approach[J]. Journal of Food Engineering,1997,33(1/2):15-35.

[121] VOLLER V R,SWAMINATHAN C R,THOMAS B G. Fixed grid techniques for phase change problems:a review[J]. International Journal for Numerical Methods in Engineering,1990,30(4):875-898.

[122] VOLLER V R,SWAMINATHAN C R. Eral source-based method for solidification phase change[J]. Numerical Heat Transfer,Part B:Fundamentals,1991,19(2):175-189.

[123] WILLIX J,HARRIS M B,CARSON J K. Local surface heat transfer coefficients on a model beef side[J]. Journal of Food Engineering,2006,74(4):561-567.

[124] WILLIX J,LOVATT S J,AMOS N D. Additional thermal conductivity values of foods measured by a guarded hot plate[J]. Journal of Food Engineering,1998,37(2):159-174.

[125] WOLFSHTEIN M. The velocity and temperature distribution in one-dimensional flow with turbulence augmentation and pressure gradient[J]. International Journal of Heat and Mass Transfer,1969,12(3):301-318.

[126] XIA L. Study on the heat and mass transfer taking place in a direct expansion (DX) air cooling and dehumidification coil[D]. The Hong Kong Polytechnic University, 2010.

[127] XIE J,QU X H,SHI J Y,et al. Effects of design parameters on flow and temperature fields of a cold store by CFD simulation[J]. Journal of Food Engineering,2006,77(2):355-363.

[128] ZHAO L,CAI W J,DING X D,et al. Model-based optimization for vapor compression refrigeration cycle[J]. Energy,2013,55:392-402.